과학 인터뷰,
그분이 알고 싶다

과학 인터뷰, 그분이 알고 싶다

레전드 과학자 7명과의 시대 초월 만남

이운근 지음

다른

차례

과학자들의 '찐' 면모를 공개합니다

세계적인 과학자를 만나 그들의 삶과 과학적 업적을 생생한 목소리로 들려주는 유튜버, 과만입니다. '과학자를 만나다'에서 첫 글자를 하나씩 따서 '과만'입니다. 간혹 '가마니' 아니냐, '너는 가만히 있어라' 같은 말로 저를 놀리는 구독자분이 계신데, 잡히면 가만 안 둡니다!
우리 방송의 매력은 세계적인 과학자들의 솔직한 이야기를 들을 수 있다는 점이죠! 그분들의 이야기를 통해 과학적 원리가 무척 흥미롭다는 사실을 깨닫게 될 겁니다.

그리고 그분들의 진솔한 이야기에서 과학자의 인간적인 면모를 볼 수 있을 겁니다. 우리가 자세히 알지 못했던 과학적 진리와 과학자의 삶을 이 방송에서 접해 보세요. 일곱 분의 인터뷰를 모두 끝까지 보고 질문도 많이 해 주시고요.

구독자분들이 얼마나 알고 계신지 몇 가지 질문을 드리겠습니다.
찰스 다윈이 오랜 기간 심각한 병을 앓았다는 사실을 들어 보셨나요?
공기 중에는 질소가 왜 이렇게 많은지 아시나요?

제임스 왓슨이 발견한 DNA의 구조란 무엇일까요?

마리 퀴리가 자신이 연구하던 라듐의 방사능에 피폭되어 죽음에 이른 사실을 알고 있나요?

방사능은 왜 몸에 안 좋을까요?

태양도 수명이 있을까요?

제 질문에 답을 말할 수 있었나요? 쉽지만은 않죠?

이 방송을 보다 보면 자연스럽게 답을 알게 될 겁니다. 과학을 공부한다는 것은 참으로 흥미진진한 일입니다. 우주는 어떻게 탄생했는지, 우리는 어디에서 왔고 물질은 무엇으로 이루어져 있는지, 생명체는 어떻게 저마다 놀라운 능력들을 가지게 되었는지 등을 알게 해 주는 것이 과학이랍니다. 이처럼 과학은 이 세계가 무척 경이롭게 조각되어 있음을 우리에게 알려 줍니다.

레전드 과학자 7명과 함께하는 이번 특집 인터뷰를 통해 과학의 매력을 깨닫고, 과학과 더 친해지면 좋겠습니다.

지금 바로 방송 시작합니다. 구독과 좋아요 눌러 주세요!

찰스 다윈

"저는 사촌을 사랑한 진화론자입니다"

~~~~~~~

1809년 ~ 1882년

19세기 영국의 생물학자이자 박물학자. 《종의 기원》을 출간해 자연선택에 따른 종의 기원을 밝힘으로써 생물학에 혁명적인 변화를 가져왔다. 《인간의 유래와 성 선택》, 《인간과 동물의 감정 표현》 등 책과 수많은 논문을 저술해 진화생물학과 진화심리학의 토대를 마련했다.

진화론 하면 누가 떠오르나요? 《종의 기원》을 쓴 사람은 누구일까요?
네, 이분을 모르는 사람은 없죠? 바로 찰스 다윈입니다.

200여 년 전 영국에서 태어난 사람의 이름을 오늘날 우리 대부분이
안다는 것은 참 놀라운 일이지요. 그 이유는 그가 밝힌 생물 진화의
원리가 매우 혁명적이기 때문입니다.

그런데 우리는 그의 이론과 업적에 대해서는 어느 정도 아는데,
그의 삶에 대해서는 잘 모릅니다. 다윈의 아버지가 다윈을 집안의
망신거리로 여긴 것을 알고 계셨나요? 다윈이 의과 대학에 들어갔으나
견디지 못하고 중도에 자퇴한 사실은요? 혹은 그가 다정다감한
아버지였다는 얘기를 들어 보셨나요?

진화론만큼이나 흥미로운 이야기가 무궁무진할 것 같습니다. 구독자
여러분도 그렇죠? 오늘 바로 이 자리에 그 유명한 분을 모셨습니다.
찰스 다윈입니다. 박수로 맞아 주십시오!

저는 사촌을 사랑한 진화론자입니다 찰스 다윈

다윈	안녕하세요. 찰스 다윈입니다. 비글호를 타는 기분을 다시 느끼고자 영국에서 배를 타고 이곳에 왔습니다. 아, 방송을 보는 분들 모두 구독과 좋아요 눌러 주세요.
과만	배를 타고 오셨다고요? 비글호로 세계 곳곳을 항해할 때 멀미로 무척 고생하셨다는 얘기를 들었는데, 지금은 괜찮으신가요?
다윈	네, 요즘 배는 흔들림이 거의 없어서 멀미를 하지 않았어요. 세상이 참 많이 변했군요. 생물도 변하고, 인간도 변하고, 그렇게 변한 인간이 세상을 또 많이 변화시켰네요.
과만	오, 뭔가 진화의 철학을 담은 말 같습니다. 혹시 한국에서 선생님을 모르는 사람이 거의 없다는 사실을 알고 계시나요?
다윈	그럼요. 많은 한국 사람이 저를 알고 있을 뿐 아니라, 교과서에서도 저의 이론을 배운다고 들었습니다. 정말 감격스러워요. 제가 영국에서 《종의 기원》을 출간했을 때 저를 비난하고 조롱한 사람들이 무척 많았거든요. 제 얼굴을 원숭이와 합성한 사진이 돌아다니기도 했죠.
과만	아이고, 그때도 악성 댓글 같은 게 있었군요. 힘드셨겠어요. 그런데 원숭이가 진화하면 인간이 된다는 걸 진화론이라고 생각하는 사람이 의외로 많더라고요.
다윈	제 말은 '인간과 원숭이는 공통 조상에서 갈라져 나왔다'라는 의미였는데, 이것을 '우리가 원숭이의 후손'이라는 말로

오해하더라고요. 둘은 아주 다릅니다. 원숭이가 진화해 또 다른 생물종이 될 순 있지만, 인간이 될 수는 없어요. 저는 인간과 원숭이가 공통 조상에서 어떻게 갈라져 각기 다른 종이 되었나 하는, 종의 기원을 밝힌 거예요. 그래서 제 책의 제목이 '종의 기원'인 거죠.

과만   사실 저도 좀 헷갈렸는데 명쾌한 설명 감사합니다. 선생님의 어린 시절이 궁금합니다.

집안의
망신거리

다윈   어린 시절 제 별명은 '가스'였어요.

과만   네? 별명이 가스라고요? 냄새가 지독한 기체 분자들을 하반신에서 자주 방출하신 건가요?

다윈   아, 그 가스가 아닙니다. 집 정원 뒤편에 있는 간이 실험실에서 저의 형 이래즈머스와 화학 실험을 즐겨 했는데, 그때 고약한 냄새를 많이 풍겨서 친구들이 '가스'라는 별명을 붙여 줬어요. 이때 화학 실험은 아주 열심히 했지만, 학교 공부에는 별 관심이 없었어요. 학교는 전통적인 교과목을 강압적으로 가르쳤거든요. 자연을 관찰하고 실험하기를 좋아했던 저는 그런 학교생활에 적응을 잘 못했지요. 오죽하면 아버지께서 제게 '집안의 망신거리'라고까지 말씀하셨겠어요.

과만 저런! 아버지께서 실망이 크셨나 보군요. 집에서 쫓겨나진

않으셨나요?

다윈 네, 그래도 아버지는 제가 훌륭한 사람이 될 수 있게 지원을

아끼지 않으셨어요. 할아버지와 아버지가 의사였는데 형도

의과 대학에 진학한 후, 아버지는 저도 집안 전통을 잇기를

바라셨거든요. 그래서 다니던 학교를 그만두게 하고 저를

의과 대학에 보냈어요. 그러나 저는 의사라는 직업이 저와

안 맞는다는 사실을 곧 깨달았어요. 수업 시간에 수술을

지켜보다가 못 견디고 중간에 뛰쳐나간 적도 있죠.

과만 아무리 그래도 수업 도중에 나가 버린 건 좀 너무하신 것

같은데요.

다윈 그렇게 생각할 수도 있지만, 당시 수술실은 오늘날과는 좀

달랐어요. 마취제가 개발되기 전이었죠. 마취 없이 베고

자르는 수술을 한다고 상상해 보세요. 의사와 환자인 것을

모르고 본다면 고문하는 모습과 비슷할 정도로 끔찍했어요.

저는 결국 입학해서 2년을 못 채우고 자퇴를 했어요. 아무리

좋은 직업이라 해도 적성에 맞지 않는 일은 잘할 수도 없고,

제가 행복할 수도 없다고 생각했어요. 그렇다고 제가 방탕하게

지내며 시간을 허비한 건 아니에요. 의과 대학을 다니는 동안

자연사나 동물학 등을 열심히 배웠는데, 훗날 과학을 연구할

때 큰 도움이 되었어요.

과만 워낙 책과 논문을 많이 쓰셔서 어린 시절부터 공부를 무척
잘한 수재일 줄 알았는데 의외네요. 그 후의 이야기도
들려주세요.

딱정벌레를
입 속에 넣다

다윈 이후 신학 대학에 들어가 목사가 되기 위해 공부했어요.
그렇지만 신학 공부보다 딱정벌레 채집에 더 재미를 느꼈죠.

과만 몇몇 구독자들 사이에서 이 시기에 선생님께서 딱정벌레를
즐겨 먹었다는 썰이 돌고 있는데, 팩트 체크가 필요해
보입니다.

다윈 소문이 참 무섭군요. 딱정벌레를 찾다 희귀한 녀석 둘을
발견하고 한 손에 하나씩 쥔 적이 있었어요. 그런데 또 다른
한 마리가 나타난 거예요. 어떻게 했겠어요? 저는 급한
마음에 손에 있던 한 마리를 입으로 살짝 물었지요. 그런데 그
녀석은 폭탄먼지벌레였어요. 그 녀석이 입 속으로 독을 뿜는
바람에 세 마리를 다 놓쳤어요. 딱정벌레를 입에 잠깐 넣은
것이지 먹지는 않았어요. 이것이 팩트입니다! 저도 역겹고
고통스러웠다고요!

과만 그런 일이 있었군요. 선생님의 자연 탐구에 대한 열정은
감히 따라갈 수가 없네요. 그 같은 열정이 있었기에 자연의
비밀을 밝히는 큰 업적을 쌓은 것 같습니다. 이제 선생님은
세계적으로 유명해요. 모르는 사람이 없지요.

진화론에
대한 오해

다윈 많은 사람이 제가 심혈을 기울인 연구에 관심을 가져
주어 고마움을 느낍니다. 요즘은《종의 기원》을 출간했던
당시보다는 욕을 덜 먹는 것 같아요. 하지만 여전히 저를
비난하는 사람이 적지 않아 마음이 편하지 않습니다.

과만 어떤 오해가 있길래요? 왜 그렇게 욕을 드시는 거죠?

다윈 욕을 드신다고 하니 좀…….

과만 아, 죄송해요. 제가 표현력이 부족해서……. 왜 그렇게 많은
욕을 잡수시는 건가요?

다윈 음, 참 공손하게 저를 높인 것 같은데 한 방 먹은 느낌이 드는
건 기분 탓이겠죠? 제가 "자연에서는 강자가 살아남는다"라고
말했다며, 약육강식 세상을 옹호했다고 하더라고요.
그래서 힘이나 돈, 권력 등을 사용해서 다른 사람들에게
폭력을 행사하고, 갑질을 일삼고, 괴롭히는 사회의 강자들에게

면죄부를 주었다고요.

심지어 더 나은 사회를 건설하려면 장애인, 유대인, 동성애자, 흑인 등이 자손을 가지지 못하도록 해야 한다는 주장의 배경 이론을 제가 세웠다는 어이없는 말까지 들었습니다.

과만 저도 들어 봤어요. '사회 다윈주의'라고 하더라고요. 히틀러가 주장한 나치즘의 배경 사상이기도 한데, 선생님의 이름이 들어가 있군요.

다윈 사회 다윈주의는 저의 진화론을 왜곡해 악용한 거예요. 제 이름을 거기에 붙인 게 정말 괘씸해요. 흔히들 제가 생물이 진화한다는 주장을 처음으로 밝혔다고 생각하는데, 그렇지 않아요. 형과 이름이 같은 제 할아버지도, 라마르크라는 학자도 생물은 진화한다고 주장했어요. 그중에서도 제 업적은 우리 주변에 어떻게 이렇게 다양한 생물종이 있게 되었는지를 밝힌 거예요. 그리고 마치 설계된 기계처럼, 생물이 어떻게 그렇게 복잡하고 정교한 기관들을 가지고 있는지 그 메커니즘을 설명했어요. 생물은 자연선택을 통해 점진적으로 진화하고, 나뭇가지가 갈라지듯 종이 나뉜다는 것을 수많은 증거를 들어 설득력 있게 밝힌 겁니다. 약육강식을 강조하고 옹호한 게 아니에요.

과만 억울하시겠어요. 이쯤에서 자연선택이 무엇인지 설명 부탁드립니다.

다윈   자연선택은 환경에 가장 잘 적응한 생물이 생존과 번식에
      더 유리해, 더 많은 자손을 남기는 것을 말해요. 이것을 보고
      환경에 적응을 못하는 사람은 도태되어야 한다고 주장하는
      이들이 있는데 정말 어이없는 주장이에요.

      환경은 늘 그대로 있지 않습니다. 아무리 현재 환경에 잘
      적응한 생명체라도 변화된 환경에서는 잘 적응하지 못할 수도
      있습니다. 예를 들어 나무가 많은 곳에서는 털 색깔이 나무와
      비슷한 갈색 곰이 사냥하는 데 유리하고, 흰색 곰은 눈에 잘
      띄어 사냥에 실패할 확률이 높죠. 그러나 온 땅이 눈으로 덮인
      북극에서는 상황이 완전히 달라집니다. 흰색 곰은 몸을 잘
      숨길 수 있지만, 갈색 곰은 그렇지 못하죠. 적자생존의 '적자'가
      갈색 곰에서 흰색 곰으로 바뀐 거지요.

      사회 다윈주의의 주장은 마치 나무가 많은 지역에 사는 갈색
      곰이 자신은 선택받은 우월한 존재이고, 흰색 곰은 열등하니
      멸절시켜야 한다고 목소리를 높이는 것과 다르지 않습니다.
      생명은 그 형질이 다양할수록 급격한 환경 변화에도 적응할
      가능성이 커지는데 말이지요.

과만   선생님 말씀을 듣고 보니 사회 다윈주의가 얼마나 터무니없는
      주장인지가 와닿네요.

다윈   공감 감사합니다. 게다가 자연의 모습을 인간 사회에 그대로
      적용하는 것은 문제가 있어요. 자연에서 관찰되는 모습을 보고

인간 사회도 그렇게 되어야 한다고 주장하는 것을 자연주의적 오류라고 해요. 이 같은 주장은 인간이 문명을 쌓으며 이룩한 성과들을 다 깨부수는 거예요. 사자가 톰슨가젤(나사 모양의 길고 검은 뿔이 특징인 작은 영양)을 잡아먹고 수사자가 다른 수사자의 새끼들을 물어 죽이는 것이 자연이라면, 사자 같은 강자가 톰슨가젤 같은 약자와 함께 산책하고, 피가 섞이지 않은 이웃의 자녀도 돌봐 주는 것이 인간이 이룩한 문명의 위대함이에요.

장애인, 흑인, 동성애자, 원주민 부족 등이 유전적으로 열등하다는 판단은 과학적이지도 않을뿐더러 이들의 생식을 막아야 한다는 주장은 도덕적이지도 않습니다. 저들의 주장은 과학의 껍데기만 빌려 썼을 뿐 제대로 된 과학이 아니에요. 만에 하나 과학적 근거가 있다 하더라도, 그것이 옳지 않은 일이라면 이성적으로 판단해서 그 주장을 거부해야 합니다.

과만 그릇된 사고는 비극적인 결과를 낳을 수 있다는 점을 기억하고 더욱 주의해야겠어요. 선생님의 이론을 정확하게 알아야 비과학적인 선동에 휩쓸리지 않을 테니 과학 공부를 더 열심히 해야겠습니다.

그런데 평소에 건강이 많이 안 좋으셨다 들었습니다.

이순신과
다윈

다윈 네, 극심한 위장 장애와 구토, 두통이 몇십 년간 이어졌어요.
잠조차 못 자는 날이 많았지요. 잠을 잘 수 없어 괴로울 때는
식물을 몇 시간씩 관찰하기도 했습니다.

과만 병환 중에도 동식물 연구를 계속하시는 자세가 정말 대단한
것 같아요. 혹시 한국의 이순신 장군에 대해 들어 보셨나요? 두
분이 활약한 분야는 완전히 다르지만, 건강이 좋지 않음에도
해야 할 일을 소홀히 하지 않고 매진한 점, 객관적으로 세계를
탐구하는 자세 등이 닮았다는 생각이 드네요. 이순신 장군의
삶과 성격을 더 알고 싶은 구독자분들께《역사 인터뷰, 그분이
알고 싶다》라는 책을 추천합니다.

다윈 엇, 혹시 이거 PPL 아닌가요?

과만 아하하, 그럴 리가요. 저는 절대, 절대 사적 이익을 탐하는
유튜버가 아니랍니다. 정보 공유 차원이에요. 좋아요와 구독
안 누르신 분은 지금 눌러 주세요!

다윈 저의 조국인 영국에서 존경받는 해군 제독은 넬슨입니다.
이순신 장군을 한국의 넬슨 제독이라 소개하는 것을 들은
적이 있습니다. 그런데 제가 이순신 장군에 대해 알아보니,
넬슨을 영국의 이순신 장군이라 부르는 것이 더 적절할 정도로

존경스러운 분이더군요. 그런 분과 저를 닮았다 말씀해 주시니
영광입니다.

앤을
그리며

과만　자녀에 대한 사랑이 각별했다고 알고 있습니다.

다윈　제가 살던 당시의 영국 사회에서는 자녀들을 따뜻하게 대하지
않는 분위기였어요. 특히 아버지들은 자녀에게 엄했지요.
하지만 저는 그러지 않았어요. 제가 겪었던 모험 이야기들을
종종 들려주고, 함께 자연을 관찰하며 실험하곤 했어요.
다정다감한 아버지가 되고 싶었거든요. 마음이 아픈 것은 열
명의 자녀 중 세 명이 열 살도 채 되기 전에 죽는 것을 지켜봐야
했던 것입니다. 오랜 시간이 지난 지금도 그때를 떠올리면
슬픔에 젖습니다.

과만　많이 힘드셨겠어요. 특히 기억에 남는 자녀가 있나요?

다윈　제가 무척 아꼈던 첫째 딸 앤은 제가 앓던 병과 비슷한 증세를
보였어요. 열흘 동안 토하고 고열에 시달린 끝에 하늘나라에
가고야 말았죠. 솔직하고 따뜻했던 딸의 짧은 삶이 가여워
눈물이 멈추지 않았어요. 오늘 인터뷰를 하기 전에 이순신
장군의 《난중일기》를 읽었습니다. 왜적의 칼에 아들을 잃은

장군의 절규가 담긴 일기를 읽으며, 앤의 마지막 모습이 떠올랐어요. 왜적이 복수심 때문에 이순신 장군의 아들을 노린 것이니, 장군은 아들의 죽음이 자기 때문이라고 느꼈을 것 같아요. 그러니 얼마나 비통했을까요. 저 역시 앤이 저에게 물려받은 병 때문에 죽은 것 같아 그 비통함을 이루 말할 수가 없습니다.

과만 선생님 눈이 붉어졌어요. 저도 눈시울이 뜨거워집니다. 잠깐 인터뷰를 쉬었다가 조금 뒤 다시 진행하겠습니다.

내 사랑하는 어여쁜 사람

과만 부인인 에마 님 이야기를 듣고 싶습니다.

다윈 네. 에마는 제 사촌 여동생이었어요. 1839년 1월, 제가 서른 살이 되던 해에 그녀와 결혼식을 올렸습니다. 당시에는 사촌 간에도 결혼하곤 했습니다. 그녀는 신앙심이 깊었고, 다정다감했어요. 제가 연구를 위해 온 집안을 비둘기나 닭, 개구리, 지렁이, 따개비, 난초 등으로 뒤덮었을 때도 타박하고 화낼 법한데 그러지 않았어요. 오히려 동물들에게 먹이를 주고 제 실험을 돕곤 했지요. 제 연구가 인정받으면 함께 기뻐하고 저를 자랑스러워했어요. 강물처럼 잔잔한 그녀의 사랑을 느낄 수 있었어요. 저 또한 그런 아내를 아끼고 사랑했지요.

아내와 아이들을 향한 사랑과 이들이 제게 보내 준 지지와

사랑이 있기에 저는 저로서 존재할 수 있었습니다. 그래서

아내와 아이들 모두가 행복하길 바랐지요. 그러나 행복한 일만

있진 않았어요.

과만 무슨 일이 있었나요?

다윈 저는 자연선택에 따른 진화를 연구하면서 끊임없는 발견의

기쁨을 누렸습니다. 그러나 새로운 발견이 오히려 저를 괴롭힌

일이 하나 있었어요. 그것은 동식물이 근친 간 교배했을 때 그

결과가 좋지 못하다는 것이었습니다.

과만 근친은 친척 관계를 뜻하지 않나요?

다윈 네, 근친은 가족이나 친척처럼 가까운 혈연 관계를 말해요.

근친인 동식물 사이에서 태어난 자식은 질병에 걸리거나

기형으로 태어나는 일이 많았습니다. 이 결과가 제 어린 세

자녀의 죽음과 관련 있어 보여 마음이 아팠습니다. 나와

사촌인 아내 사이에서 태어난 아이라 어려서부터 큰 병에

걸린 것은 아닐까 생각하니 미안하고 괴로웠습니다. 당시엔

오늘날과 달라서 전체적으로 유아 사망률이 높긴 했지만,

아이들이 아플 때마다 죄책감이 저를 사로잡았지요. 그리고

아내가 혹시 이 사실을 알게 될까 봐 마음 졸이기도 했습니다.

그녀도 저처럼 죄책감에 괴로워할 테니까요.

과만   그런 마음을 품고 계신지 미처 몰랐네요.

　　　　자녀분들은 아버지가 준 사랑의 온기에 행복했을 것 같습니다.

　　　　그리고 아버지가 죄책감에 시달리지 않기를 바랄 것 같고요.

다원   위로의 말씀 감사합니다.

자신을 설레게
하는 일

과만   선생님께 더 듣고 싶은 이야기가 많지만, 정해진 시간이

　　　　얼마 남지 않았습니다. 진로를 고민하는 청소년이 많은데요.

　　　　선생님께서는 어린 시절 진로를 여러 번 바꾸신 경험이

　　　　있으니, 진로를 고민하는 청소년들에게 많이 공감하실 것

　　　　같습니다. 한 말씀 부탁드립니다.

다원   제 삶을 돌아보았을 때 초중학교의 공부도 저와 맞지 않았고

　　　　의과 대학, 신학 대학의 공부도 저와 맞지 않았습니다. 잘

　　　　맞지는 않지만 학업을 계속 이어 갔다면 저는 의사나

　　　　목사가 되어서 그럭저럭 밥벌이를 하며 살았을 겁니다. 하지만

　　　　그랬다면 제 삶은 행복할 수 없고, 결코 지금 같은 성취를

　　　　이루지 못했을 거예요. 제가 좋아하는 과학 연구를 계속할

　　　　때 제 능력을 다 발휘하고 그 일에 열정적으로 매진할 수

　　　　있었습니다. 물론 현실적으로 자신이 흥미를 느끼는 분야만

공부할 수도 없고, 적성만 고려해서 진로를 선택할 수는
없습니다. 때론 자신이 하고 싶은 일을 하기 위해, 하고 싶지
않은 공부를 해야 할 때가 있거든요.
무엇을 할 때 자신이 더 설레고 행복한지, 열정적인지를
찬찬히 돌아보고 그것을 우선 진로로 고민해 보면 좋을 것
같습니다. 내가 하고 싶은 일을 할 때 그 일을 잘할 확률도
높고, 행복할 가능성도 크니까요.

과만 좋은 말씀 감사합니다. 그동안 암기하듯이 진화론의
창시자로서만 기억했는데, 오늘 이 자리에서 한 인간으로서
선생님의 속마음을 마주할 수 있어 뜻깊었습니다. 가족을
사랑하는 선생님의 마음을 들으면서 저의 가족들을
떠올렸습니다. 방송이 끝나면 아버지께 전화를 걸어 목소리를
듣고 싶은 마음이 듭니다.
이제 구독자 여러분의 질문을 듣고 답하는 것으로 오늘의
인터뷰를 마치겠습니다.

Q&A
∶ 그것에 답해 드림

가윈나윈
아닌다윈 진화의 원리를 발견하고도 거의 20년이 지나도록 발표하지
않으신 것으로 알고 있습니다. 왜 그러셨나요?
저라면 하루빨리 발표해서 엄청 자랑하고 싶었을 것 같은데요.

다윈 하하, 저도 그랬어요. 하지만 제가 망설인 이유가 있어요. 우선
제 이론은 당대에 큰 혼란을 몰고 올 급진적인 주장이었어요.
그래서 되도록 근거를 많이 모아 반박할 수 없을 만큼 완벽한
가설로 만들고 싶었습니다. 또 저의 주장은 하느님이 태초에
창조한 동식물이 그대로 오늘날까지 이어져 왔다는 기독교의
주장과 배치되는 것이라 마음에 걸렸어요. 저도 신앙심이
있었고, 특히 사랑하는 제 아내는 신앙심이 무척 깊었거든요.
자신이 간절하게 믿는 바가 부정당하면 사람은 큰 상처를
받아요. 아내를 아프게 하고 싶지 않았어요. 그런 이유로 지인
몇 명에게만 알렸을 뿐 세상에 공표하지 않았습니다. 그러다가
앨프리드 월리스에게 편지 한 통을 받은 후 진화의 원리를
발표하기로 마음을 먹었죠.
사실 저는 한동안은 저 말고는 아무도 진화의 원리를
발견하지 못할 것이라고 자만했는데, 월리스의 편지를

받고 깜짝 놀랐습니다. 그가 쓴 진화 이론의 핵심이 저와 거의 같았거든요. 조금 전에 말했듯이 저는 저의 발견을 제 지인들에게 말하긴 했으나 공개적으로 발표한 적은 없었어요. 그렇기에 원칙적으로 월리스에게 진화론 창시자라는 영예가 가야 했습니다. 그 사실에 제가 너무 상심하자, 주변 지인들이 저와 월리스의 논문을 공동으로 발표하자는 제안을 했어요. 월리스는 자신의 발견이 도둑질당했다고 비난하며, 영예를 독차지할 수도 있었을 텐데 그러지 않았어요. 오히려 저를 추켜세우고 존경을 담아 언제나 '다윈 이론'이라는 말을 써 주었어요. 영광을 차지하고 싶은 마음은 인간이 가진 아주 큰 욕망이기에, 월리스의 그런 행동은 쉽지 않은 행동입니다. 그래서 여러분이 월리스의 이름을 기억해 주시길 바랍니다. 그도 저와 마찬가지로 진화론의 창시자입니다. '월리스의 진화론'이 아닌 '다윈의 진화론'으로 세상에 알려진 것은 그의 배려 덕분이었습니다.

사랑다윈 필요없어 생명의 진화를 이야기할 때 유전자를 빼놓을 수 없는데요. 혹시 선생님은 유전자의 존재를 아셨나요?

다윈 전혀 몰랐습니다. 제가 연구할 때는 유전자나 DNA에 대한 개념이 없었어요. 그래서 부모 세대의 기질이나 성질이 자손에게 어떻게 전해지는지를 알 수 없었지요. 저는 피 같은 액체를 통해 부모의 특정한 기질이 자손에게 전해진다고 생각했어요. 틀린 생각이었지만 당시에는 유전자의 존재를 알지 못했기에 다른 더 좋은 생각을 하지 못했습니다.

당시에도 양쪽 부모에게서 받은 피가 섞이면 부모 각각의 형질이 점점 사라져 결국 다 비슷해지지 않느냐는 반박에 답을 하기가 어려웠어요. 예를 들어 하얀색, 검은색 나비가 교배하면 그 새끼는 보통 하얀색이나 검은색 중 하나로 태어납니다. 그런데 부모의 피가 섞여 부모의 형질이 유전되는 것이라면, 그 새끼는 모두 회색이 되어야 하거든요. 이런 식이면 다 비슷해져서 새로운 종이 나오기 어려워집니다. 이 점을 지적하며 저의 진화 이론이 잘못되었다고 말하는 사람들도 있었고요. 그런 지적을 받을 때면 정말 곤혹스러웠습니다.

제가 진화를 연구하던 때에 멘델은 완두콩을 연구했어요. 그리고 유전 물질이 자식에게 전해지는 유전 법칙을 정리한 논문을 발표했어요. 저도 그 논문을 가지고 있었는데, 다른 많은 논문들과 함께 서랍 속에 넣어만 두고 읽지를 못했어요. 그것을 읽었다면 제가 오랜 시간 고민했던 문제들을 해결할 수 있었을 텐데 아쉬움이 많이 남습니다.

자연선택과 진화

미국의 인지 철학자 대니얼 데닛은 이렇게 말했어.

"인류 역사상 최고의 아이디어를 낸 사람은 누구인가? 딱 한 사람만 골라야 한다면 나는 주저 없이 다윈을 택하겠다. 그는 자연선택이라는 과정을 도입해 의미와 목적이 없는 물질 영역과 의미와 목적 그리고 설계가 있는 생명 영역을 통합시켰다."

진화론을 계속 공부하다 보면 데닛이 왜 이런 말을 했는지 이해하게 될 거야. 진화론이 얼마나 오묘한지, 다윈이라는 사람이 얼마나 대단한지를 말이야. 다윈의 이론은 진화론으로 많이 불리지만, 다윈은《종의 기원》초판에 진화라는 말을 거의 쓰지 않았어. 진화란 말 대신 변화를 동반한 계승이란 말을 썼지. 그러다가 초판을 읽은 사람들 사이에서 진화란 말이 유행해서 나중에 책을 수정할 때 진화를 쓴 거야. 다윈은 생물이 진화한다는 사실보다 어떤 방식으로 진화하느냐를 아는 것이 더 중요하다고 생각했어. 다윈이 생각한 '어떤 방식'이 자연선택이야. 그래서 그는 진화보다 자연선택에 무게 중심을 두었던 거지.

진화는 한 세대에서 다음 세대로 이어질 때 주어진 환경에 잘 적응하는 방향으로 생명체가 변하는 것을 말해. 약간 어렵게 말하면 어떤 개체군의 유전적 구성이 시간이 지나면서 변화하는 현상이지. 부모의 형질이 자손에게 전해지는 현상을 유전이라 하는데, 유전하면서 환경에 적응해 변화하는 것이 진화야.

자연선택은 자연계에서 환경에 가장 잘 적응한 생물종이 생존과 번식에 유리해 더 많은 자손을 남기는 것을 말해. 그리고 자연선택으로 어떤 생물종이 이전과 다른 모습으로 변하는 것이 진화야. 즉 자연선택은 진화가 일어나도록 하는 주요한 메커니즘인 셈이지.

다윈은 자연선택에 따라 하나의 생물종에 변화가 쌓이면 본래의 종과 교배할 수 없는 새로운 종이 나타난다고 생각했어. 마치 나뭇가지가 여러 갈래로 뻗어 가는 것처럼, 생물은 하나에서 여럿으로 종의 분화가 일어난다고 본 거지. 이를 생명의 나무 모형이라고 해.

생명의 나무 모형에서 현존하는 생물종은 모두 가지 끝에 위치하고 있어. 환경에 잘 적응해 멸종하지 않고 살아남은 대단한 존재들이지. 이 모형을 거꾸로 올라가면 생물들의 공통 조상을 만나게 돼. 우리 할아버지의 할아버지의 할아버지와 같은 식으로 계속 시간을 거슬러 오르면 한국인의 공통 조상을 만난다는 얘기야. 거기서 더 나아가면 최초의 호모 사피엔스를 만나고, 네안데르탈인과 사피엔스의 공통 조상, 인류와 침팬지의 공통 조상까지도 만날 수 있지.

한국에 사는 우리는 그리 멀지 않은 과거에 서로 친척이었고, 외국인과도 아주 오래전엔 친척이었던 거야. 동물 또한 마찬가지고. 참 놀라운 이야기지? 세계 동포, 인류 형제 같은 비유가 과학적으로도 설득력 있는 말이었던 거야. 이렇게 본다면 피부색이 다르다고, 못 사는 나라 사람이라고, 성별이 다르다고 혐오하고 증오하는 것이 얼마나 어리석은 행동인지 알 수 있어. 나와 연결되어 지금의 나를 있게 해 준 주변의 많은 사람을 사랑하고 동물을 아끼는 마음을 가지는 게 중요하단 얘기야.

드미트리 멘델레예프

"주기율표, 인내심으로 만들었습니다"

1834년 ~ 1907년

19세기 러시아의 화학자이자 화학교육가. 1869년 원소를 일정한 규칙에 따라 나열한 원소 주기율표를 발표했다. 당시 발견되지 않은 원소도 주기율표에 포함시켰는데, 후에 이 원소들이 실제로 발견되어 큰 충격을 주었다. 100여 개의 원소를 체계적으로 정리함으로써 현대 화학 발전에 큰 공헌을 했다.

화학을 공부할 때 꼭 필요한 것이 원소 주기율표입니다. 인간이 알고
있는 모든 원소를 표 하나로 질서 있게 배열했죠. 이 주기율표를 처음
만든 사람이 누군지 아시나요?

바로 드미트리 멘델레예프입니다. 오늘날 우리가 원소 주기율표를
편하게 쓸 수 있는 데에는 이분의 공로가 가장 크다고 할 수 있습니다.
그럼 멘델레예프 님을 모시고 원소 주기율표를 만들 당시의 이야기를
들어 보겠습니다.

멘델레예프　안녕하세요. 멘델레예프입니다. 간혹 저를 멘델 또는
　　　　　멘델스존과 착각하는 분들이 있는데, 제 이름은
　　　　　멘델레예프입니다. 방송을 보는 분들 모두 구독과 좋아요
　　　　　눌러 주세요.

과만　선생님 반갑습니다. 러시아에서 오신 것 맞죠?

멘델레예프　네, 맞습니다. 러시아 사람인지 아닌지 알아맞히는 쉬운

방법을 알려 드릴까요? 이름이 '스키', '프', '치' 등으로
끝나면 러시아 사람이라 보면 거의 맞아요. 도스토옙스키,
차이콥스키, 라흐마니노프 모두 러시아 사람이에요. 저도
'프'로 끝났죠?

과만 오호, 좋은 방법이군요. 선생님께서는 원소 주기율표를
만드신 것으로 유명합니다. 원소 주기율표가 무엇인지 쉽게
설명해 주세요.

멘델레예프 이 책의 부록에 원소 주기율표를 실어 두었습니다. 설명을
들으면서 부록의 원소 주기율표를 찾아보세요.
지금 우리 앞에 있는 책상, 음료수, 커튼 같은 물건들이
보이시나요? 이 물건들은 모두 100여 가지 종류의 기본
원소들로 이루어져 있답니다. 예를 들어 물은 수소와 산소,
소금은 염소와 나트륨(소듐)으로 이루어져 있죠. 세계를
구성하는 100여 개의 원소들은 일련의 규칙성이 있는데, 그
규칙성을 한눈에 파악할 수 있게 하나의 표로 정리한 것이
원소 주기율표입니다.

과만 눈에 보이는 이 모든 것이 원소 주기율표에 있는 100여 개의
원소들로 이루어졌다니 참 놀랍습니다. 말씀하신 원소들의
규칙성이란 무엇인가요?

우주의 질서가
녹아 있다

멘델레예프 원소 주기율표를 보면, 1을 시작으로 숫자가 커지면서
원소마다 번호가 붙어 있을 거예요. 이것이 원자 번호입니다.
이 원자 번호는 해당 원소의 원자 하나가 가진 양성자의 수와
같아요.

과만 원소와 원자가 좀 헷갈리네요. 양성자가 무엇인지도 설명
부탁드립니다.

멘델레예프 원소는 물질을 이루는 성분을 나타내는 종류이고, 원자는
물질을 이루는 기본 입자입니다. 즉, 원소는 입자의 종류를
말하는 것으로, 주기율표에 있는 100여 가지가 원소의
전부인 셈이죠. 반면에 원자는 입자 하나하나를 말해요. 예를
들어 손톱 크기만 한 다이아몬드 안에는 수십억 개가 넘는
원자가 있지만, 원소는 탄소 하나뿐이지요. 영국의 과학자
존 돌턴은 원자를 물질을 구성하는 매우 작고 더는 쪼개지지
않는 기본 입자로 정의했어요.
양성자는 원자의 한가운데 있는 원자핵을 구성하는 작은
입자로, 전기적 성질을 띱니다.

과만 잠깐, 원자는 쪼개지지 않는 가장 작은 단위라고 하지
않으셨나요? 그런데 양성자가 원자 속에 있다고요?

주기율표, 인내심으로 만들었습니다 드미트리 멘델레예프

멘델레예프 예리하시군요. 돌턴이 원자를 정의할 때는 양성자, 전자 등이 발견되기 전이었어요. 그래서 돌턴은 원자보다 더 작은 입자는 없다고 생각했던 거예요. 이후 전자와 양성자가 차례로 발견되면서 돌턴의 원자설은 수정되었죠. 그래서 지금은 원자를 가장 작은 입자라고 하지 않고, 원자핵과 전자로 구성된 기본 입자로 정의합니다.

과만 이제 이해가 되네요. 원소 주기율표의 규칙성에 대해 계속 설명해 주십시오.

멘델레예프 원자 번호는 그 원자가 가진 양성자의 수와 같다는 것까지 말했죠? 주기율표를 보면 가로로 양성자가 하나씩 많아지는 규칙을 볼 수 있어요. 그리고 주기율표의 맨 왼쪽부터 3분의 2 정도에 있는 원소들은 다 금속이에요. 엄청 많죠?

오른쪽 위에서 원자 번호 8번인 산소가 보이나요? 이 근처에 있는 원소 몇 개는 상온에서 기체 상태예요. 이렇게 비슷한 애들끼리 모여 있어요.

또 같은 세로줄에 있는 원소들은 성격이 서로 비슷해요. 첫 번째 세로줄에 있는 리튬-나트륨-칼륨과 오른쪽에서 다섯 번째 줄에 있는 탄소-규소-저마늄은 화학적 성질이 아주 비슷해요. 이처럼 원소들의 성질이 일정한 주기의 규칙성을 띤다는 것을 표 한 장으로 보여 주기에 '원소 주기율표'인 겁니다.

과만	주기율표는 복잡하고 머리 아픈 것으로만 알았는데 엄청난 비밀을 간직하고 있었군요.
멘델레예프	네, 우주 만물의 질서가 이 표에 녹아 있다고도 할 수 있지요.

원소 주기율표의
탄생

과만	여러 원소들의 규칙성을 찾아서 표로 정리하려면 어려움이 많았을 것 같아요.
멘델레예프	원자 번호와 원자가 가진 양성자의 수가 같다고 했으니, 양성자 수대로 줄 세우면 간단하게 정리되는 것 아니냐고 말씀하시는 분이 있더라고요. 많은 사실이 밝혀진 지금의 시각으로 보면 그럴 수도 있지만, 제가 연구하던 시대는 양성자도 전자도 발견되지 않았을 때입니다. 그리고 그때까지 발견된 원소의 개수는 63개뿐이었어요. 즉, 아직 발견되지 않은 원소들의 자리를 비워 두지 않으면 나중에 줄이 다 얼크러질 수밖에 없는 거죠. 원자의 상대적인 질량을 원자량이라 하는데, 당시까지 밝혀진 원자량에 오류도 있어서 원소들의 규칙성을 찾는 데 어려움이 많았습니다. 그래서 원소를 분류하는 문제로 대략 10년이나 고민을 했지요.

주기율표, 인내심으로 만들었습니다   드미트리 멘델레예프

과만 긴 시간 고민하신 끝에 발견하셨군요. 주기율표를 발견하던
순간의 이야기를 듣고 싶습니다.

멘델레예프 1869년 2월 17일이었어요. 모임에 참석하기 위해 모스크바로
가는 기차를 타야 했어요. 기차 시간이 얼마 남지 않았는데도
기차역까지 마차를 타지 않고 그 모임 초대장 뒷면에
원소들을 적어 나가기 시작했어요. 원소를 원자량에 따라
배열했을 때 규칙성이 명확히 드러나진 않았지만, 중대한
발견을 할 수 있을 것 같은 예감이 들었어요. 그래서 일정을
취소하고 이 문제에 더욱 몰입했지요. 그렇게 63개의
원소를 모두 포함한 주기율표를 완성했답니다. 당시 제가
만든 주기율표가 완벽하진 않아 후에 수정과 재배열을
거치긴 했지만, 이 주기율표가 현대 화학의 기초가 된 것은
분명합니다.

원소 예언가,
멘델레예프

과만 선생님이 만드신 주기율표에서 특히 놀라운 점은 아직
발견되지 않은 원소들까지 예측했다는 점입니다.

멘델레예프 저는 오랜 시간 원소의 성질을 탐구했어요. 그래서 원소의
성질을 잘 알고 있었어요. 주기율표를 작성할 때 원자량을

제일 중요한 정렬 기준으로 삼았지만, 화학적 · 물리적 성질이나 다른 원소와의 유사성도 고려했어요. 여러 요소를 고려해 보니, 그때까지 발견된 원소들만 나열했을 때는 어떤 규칙성이 무너진다는 것을 깨달았지요. 그래서 어떤 원소는 아직 발견되지 않았다고 확신하고, 주기율표에서 몇 개의 칸을 빈 채로 두었습니다. 당시 과학계는 발견되지 않은 원소를 주기율표에 포함시켰다는 사실에 회의적이었습니다. 실제 증거가 없는 예측이었으니까요.

과만 뒷이야기가 궁금하네요. 빈칸으로 두었던 원소들은 정말 발견되었나요?

멘델레예프 네, 원자 번호 31번 갈륨과 32번 저마늄은 제가 주기율표를 만든 이후에 발견되었습니다. 저는 그 자리를 빈칸으로 비워 둔 채 에카-알루미늄, 에카-규소로 이름 붙이고, 훗날 이 원소가 발견될 것이라 예견했어요. 에카는 산스크리트어로 1을 뜻합니다. 각각 알루미늄, 규소와 화학적 성질이 아주 비슷한 원소가 발견될 것이라는 의미로 붙인 이름이에요. 그리고 이 원소들의 상대적인 원자 질량과 색깔, 부피 등을 예측했어요. 제가 큰 명성을 얻을 수 있었던 건, 몇 년 후 갈륨과 저마늄이 실제로 발견되었을 때 제 예측과 놀라울 정도로 일치했기 때문이에요.

그때 갈륨을 발견한 다른 화학자가 갈륨의 성질을

주기율표, 인내심으로 만들었습니다　드미트리 멘델레예프

발표했는데 그중 제 예측과 다른 내용이 있었어요. 저는 제 생각에 확신이 있었기에 그 화학자에게 편지를 보냈지요. 갈륨의 시료에 불순물이 섞였을 테니 실험을 다시 해 보라고요. 결국 그가 실험을 반복해 얻은 순수한 갈륨의 성질은 제 예측과 같았답니다.

과만   놀랍습니다. 정말 예언가셨네요. 새로운 원소를 앞에 두고 그것을 실험한 화학자보다 더 정확하게 그 원소에 대해 알고 있었다니요! 발견되지 않은 원소를 정확하게 예측한 것은 물론이고 원소들을 일관된 체계로 정리한 점 모두 정말 대단해 보입니다. 그렇기에 선생님께서 오늘날 천재 화학자라고 불리는 거겠죠?

인내심을 가지고
진리를 찾아라

멘델레예프   하하하, 제가 좀 그럴 만한 사람이긴 하죠. 하지만 저는 이 모든 공을 어머니께 돌리고 싶습니다.

과만   선생님의 어머니 그리고 선생님의 삶에 대한 이야기를 듣고 싶습니다.

멘델레예프   저는 시베리아에서 열 명이 넘는 남매 중 막내로 태어났어요. 제가 태어나던 해에 아버지가 실명하시는 바람에 어머니가 가족의 생계를 도맡아야 했어요. 어머니는 외할아버지가 운영하시던 유리 공장을 다시 열어 자식들을 뒷바라지했어요. 하지만 시련은 거기서 끝이 아니었어요. 제가 열세 살이 되던 해 아버지가 폐결핵으로 돌아가시고, 그 후 유리 공장도 불이 나 폐허가 되었거든요. 하지만 암담한 상황에서도 어머니는 절망하지 않았어요. 당시 저는 공부에 큰 재능을 보이지 않았는데도 어머니는 저에게 큰 잠재력이 있다고 생각하셨고, 저를 모스크바에 있는 대학에 보내려고 노력하셨어요. 결국 어머니와 저, 함께 살고 있던 누나 이렇게 셋이 모스크바로 떠났지요.

과만 어릴 때부터 힘든 일이 많으셨군요. 시베리아에서 모스크바까지는 먼가요?

멘델레예프 2,000킬로미터 정도 됩니다. 서울에서 부산까지 대략 400킬로미터니 5배 정도 되겠네요. 게다가 당시에는 차가 없으니 걸어가거나 마차를 타야 했어요. 정말 힘든 여정이었죠. 자녀 둘을 보살피며 가야 했던 어머니는 더 힘드셨을 거예요. 그런데 힘겹게 도착한 모스크바 대학에서는 제가 시베리아 고등학교 졸업자라 입학할 수 없다고 했어요. 결국 모스크바에서 600킬로미터 정도 떨어진 상트페테르부르크에 있는 대학에 가게 되었죠. 다행히 그곳에서 과학을 공부할 수 있는 장소와 장학금을 주어

드디어 삶이 안정되나 했는데…….

삶이란 원래 이렇게 가혹한 것인가요? 입학한 지 세 달도
안 되어 어머니가 돌아가셨어요. 몇천 킬로미터에 달하는
여정이 힘드셨던 건지, 아니면 아들을 입학시켰으니 이제
본인 할 일을 다 끝냈다고 생각하신 건지 너무나 갑작스레
돌아가셨어요. 그리고 일 년 후 누나마저 세상을 떠나 저는
혼자가 되었습니다.

과만 듣기만 해도 마음이 아픕니다.

멘델레예프 저도 건강이 안 좋아 입원을 해야 했어요. 의사는 제게 남은
시간이 몇 개월뿐이라 했고요. 절망스러웠지만 이대로
죽을 순 없었기에 연구실에 나와 실험을 계속 했어요. 평소
어머니가 절망적인 상황에서도 의연하게 헤쳐 나가는
모습을 보며 자란 영향이 큰 것 같아요. "환상에 사로잡히지
마라. 말이 아닌 행동을 앞세워라. 인내심을 가지고 과학에서
진리를 찾아라"라고 하신 어머니의 유언을 늘 되새기며 많은
사람에게 이를 알렸지요. 심지어 제 논문에도 실었습니다.
어머니를 추모하고 싶었거든요. 그만큼 어머니는 제 삶의
버팀목이었습니다.

과만 암담한 현실 속에서 어머님이 의연하게 일어서신 이유
역시 선생님 때문이었을 겁니다. 어머님 삶의 버팀목도
선생님이었을 거예요.

멘델레예프
멘델레붐

과만   선생님께서 노벨상을 타지 못하셨다니 의외입니다.

멘델레예프   앞에서 말했듯이, 제가 주기율표를 발표했을 때 과학계의
반응은 차가웠습니다. 저는 새로운 원소가 발견되리라
확신했지만, 다른 과학자들에게는 허무맹랑한 이야기였던
거죠. 그리고 원자핵과 전자 등 원자의 구조가 밝혀지기
전이라 원소들이 왜 주기에 따라 비슷한 성질을 띠는지
그 이유를 몰랐거든요. 주기율표가 제대로 인정받은 것은
한참이 지난 후입니다.

1906년 저와 한 표 차이로 다른 후보가 노벨 화학상을
받았어요. 그리고 그다음 해인 1907년 제가 사망했습니다.
그해는 제가 받을 가능성이 높았는데 말이죠. 하하. 노벨상은
살아 있는 사람에게 주는 상이라 어쩔 수 없었죠.

과만   정말 안타깝네요. 그래도 훗날 101번째 원소가 발견되었을
때, 과학자들이 선생님의 업적을 기리기 위해 그 이름을
멘델레붐으로 정했다는 사실을 알고 계시나요? 내가 만든
원소 주기율표에 내 이름이 있으면 감회가 남다를 것
같습니다.

멘델레예프   네, 제가 평생 연구한 주기율표의 101번째 원소에 제 이름이

들어가 기분이 참 묘했습니다. 고맙게 생각해요. 어머니가
아시면 무척 기뻐하셨을 것 같아요.

한편으로는 주기율표에 대한 명성을 독차지한 것 같아
미안한 마음도 듭니다. 저 이전에도 원소들이 주기적으로
유사한 성격을 띤다고 본 학자들이 있었습니다. 되베라이너,
샹쿠르투아, 뉴랜즈 같은 학자들이죠. 이들의 연구는 저에게
큰 도움이 되었어요. 그리고 저와 비슷한 시기에 원소
주기율표를 완성한 율리우스 마이어라는 사람도 있었어요.
우리는 서로의 연구를 모른 채 각자 주기율표를 완성했는데,
전체적으로 거의 비슷했어요. 아, 물론 저는 제가 만든
주기율표가 더 탁월하다고 생각하지만요. 하하. 농담이고요,
주기율표의 공동 발견자라 해도 될 만큼 그의 주기율표도
훌륭합니다. 만약 119번째 원소가 발견되면 그 이름은
마이어븀으로 해 주면 좋겠습니다.

코리아늄을
기다리며

과만	선생님이 끝말잇기의 대가리라고 들었습니다.
멘델레예프	네? 대가리라고요?
과만	아, 실수입니다. 대가리가 아니라 대가요. 도전하고 싶습니다.

저부터 시작할게요. 오이.

멘델레예프　이터븀.

과만　네?

멘델레예프　원자 번호 70번입니다. 부록의 원소 주기율표를 확인하세요.

과만　한 번 더 해요. 보리.

멘델레예프　리버모륨. 원자 번호 116번.

과만　잠깐 카메라 좀 꺼 주실 수 있나요? 이건 때려도 정당방위
나올 것 같은데…….
원소 주기율표를 이렇게 활용하시다니 저는 도저히 이길
수 없는 싸움인 것 같네요. 처음 듣는 원소들도 많은데,
멘델레븀처럼 재미있는 이름을 가진 원소들을 몇 개 소개해
주시겠어요?

멘델레예프　원소 이름은 신들에게서 많이 빌려 썼어요. 헬륨은 그리스의
태양신인 헬리오스에서 이름을 따왔어요. 헬리오스는 널리
알려진 태양신인 아폴론 이전에 태양을 다스리던 신이에요.
1868년 프랑스 천문학자 피에르 장센이 태양 빛에서 이
원소의 존재를 발견했기에 헬륨이라 명명했죠.
로마의 신에서 이름을 딴 원소도 있어요. 플루토늄은
플루토에서, 넵투늄은 넵튠에서 따왔습니다. 방사능이 큰
원소라 호전적인 신들의 이름을 빌린 거죠. 그리고 토르는
잘 알죠? 북유럽의 천둥신이 토르이기에 토륨이라 이름

지었어요. 멘델레븀처럼 사람을 기리기 위해 이름 붙인
원소들도 많습니다. 아인슈타인, 노벨, 퀴리를 기리기 위한
원소들이 각각 아인슈타이늄, 노벨륨, 퀴륨입니다. 이 외에도
과학자를 기리기 위한 원소들이 더 있고요.

지역이나 나라에서 이름을 따온 원소도 많아요. 스칸듐은
스칸디나비아, 아메리슘은 북아메리카, 유로퓸은 유럽에서
그 이름을 가져왔어요. 저마늄, 프랑슘, 니호늄은 각각 독일,
프랑스, 일본 과학자들이 발견해 지은 이름입니다.

과만 자세한 설명 감사합니다. 한국의 과학자들이 새로운 원소를
발견해 '코리아늄'이라고 이름을 붙일 날이 빨리 오면
좋겠어요. 그러기 위해서는 기초과학의 중요성을 많은
사람이 알아야 할 것 같단 생각이 드네요.

재미난 원소 이야기를 듣다 보니 시간이 이렇게 많이 지난
줄도 몰랐네요. 질의응답으로 넘어가겠습니다.

Q&A
: 그것에 답해 드림

**내학점은
맨날에프** 지금까지 지구에서 원소가 118개 발견되었는데, 우주에는
우리가 모르는 원소가 더 많이 있을까요?

멘델레예프 예리한 질문입니다. 학점이 맨날 에프(F)일 리 없을 것 같은데요? A 드리겠습니다. 우리 주변의 모든 것은 원소로 이루어졌고, 이 원소들은 대부분 우주에서 왔습니다. 이 원소들은 어떻게 생겨난 걸까요?

원소들은 별들의 배 속에서 태어납니다. 그렇게 태어난 원소들은 그 별이 수명을 다할 때 멀리 퍼져 나가고, 퍼져 나간 물질이 중력으로 다시 뭉쳐 별이 되거나 행성이 됩니다. 태양과 지구도 마찬가지예요. 별과 별 사이에 있던 먼지와 가스가 뭉쳐서 만들어졌지요. 즉, 지구는 어떤 특정한 물질로 만들어진 게 아니라, 우주에 흔히 있는 물질로 만들어진 거예요. 따라서 우리가 본 적 없는 원소가 우주에서 발견될 가능성은 극히 적습니다.

원자 번호 92번인 우라늄보다 더 높은 번호의 원소들은 자연에서 발견하기 어려워요. 원자 번호가 높을수록 양성자 수가 많은데, 핵 분열을 통해 양성자 개수가 더 적은 원소로 바뀌려고 하기 때문이죠. 즉, 불안정한 상태에서 안정한 상태가 되려는 게 원소의 특징인 거죠. 따라서 원자 번호 100번 전후의 원소들은 별이 만들어 내기 쉽지 않으며, 혹 만든다 해도 금방 사라져 그 존재를 확인하기 어렵습니다. 반대로 지구에서는 현대 과학기술과 입자 가속기라는 장치를 이용해 118번까지 원소를 인위적으로 만들어

냈습니다. 그러니 오히려 우주보다 지구에서 확인할 수 있는 원소 종류가 더 많다고 할 수 있겠네요. 물론 우주는 우리가 모르는 영역이 더 많기에 장담할 순 없지만요. 어쩌면 초월적인 과학기술을 가진 외계 문명이 미지의 원소를 만들어 사용하고 있을지도 모르니까요.

멘델스 존예프 기체 원자들은 대부분 단독으로 있지 않고 분자를 이뤄 다니는데, 이것도 원소 주기율표를 이용해서 설명할 수 있나요?

멘델레예프 물론입니다. 기체 원소들은 주로 원소 주기율표의 오른쪽에 모여 있다고 앞서 이야기했죠? 이는 비슷한 성질 때문인데요. 수소는 원자 번호 1번이라 전자가 1개예요. 양성자 하나, 전자 하나로 된 단순한 구조이지요. 그 단순함이 아름답지 않나요?

수소는 다른 수소를 만나면 서로의 전자를 공유해서 결합합니다. 수소의 전자가 회전 운동을 하는 궤도는 전자 2개가 들어서면, 그 궤도가 가득 차서 안정적인 상태가 됩니다. 두 수소 원자는 상대의 전자를 서로 당겨요. 그래서 두 원자는 하나의 몸처럼 붙어 다닙니다. H가 H_2가 되어 돌아다니는 거죠. 서로가 서로에게 안정감을 주는 상태가 되도록 만들기에 원원이에요.

이처럼 기체들은 서로의 전자들을 공유해 뭉쳐 다닌답니다. 이러한 결합 형태를 공유 결합이라고 해요. 그럼 헬륨은 분자를 이루려 할까요? 원자 번호 2번인 헬륨은 전자가 2개입니다. 첫 전자 궤도에 2개의 전자가 들어차면 매우 안정적인 상태라고 했죠? 그러니 한 원자가 다른 원자를 필요로 하지 않습니다. 그래서 헬륨 원자들은 다른 헬륨 원자와 만나 분자를 이루지 않고 홀로 조용히 다닌답니다.

원소 주기율표
자세히 보기

주기율표는 왜 반듯한 직사각형이 아니고 위쪽 일부를 베어 먹은 모양일까? 그것은 화학적 성질이 비슷한 원소들이 같은 세로줄에 놓이도록 표를 만들었기 때문이야. 원소 주기율표의 세로줄을 '족'이라 하고, 가로줄을 '주기'라 해. 마그네슘(Mg), 칼슘(Ca), 스트론튬(Sr)은 2족, 헬륨(He), 네온(Ne), 아르곤(Ar)은 18족 원소들이지.

같은 주기에 있는 원소들도 규칙성이 있지만, 같은 족에 있는 원소들은 성질이 매우 유사해. 그래서 주기율표를 만들 때 유사한 성질을 띠는 원소들이 같은 족에 묶이게 놓다 보니 지금과 같은 모양이 된 거야.

수소(H)와 헬륨(He)은 1주기, 리튬(Li)에서 네온(Ne)까지 같은 가로줄에 있는 8개의 원소는 2주기야. 나트륨(Na)에서 아르곤(Ar)까지 8개의 원소는 3주기지. 주기율표에서 가로줄의 원소 숫자 2, 8, 8, 18은 전자 궤도가 최대로 수용할 수 있는 전자의 수와 관련이 있어. 원자의 중심에 핵이 있고, 그 바깥을 전자가 돌고 있거든. 원자의 핵은 속에서 가만히 있기에, 다른 물질이 가까이 왔을 때 활발한 반응을 보이는 것은 바깥에 있는 전자야. 그래서 화학 반응은 전자들 간의 만남으로 일어나.

전자는 원자핵 주변을 도는데 건물의 1, 2, 3층처럼 층이 있는 껍질을 돈다고 생각하면 이해하기 쉬울 거야. 양파 껍질처럼 여러 겹인 껍질 말이야. 낮은 층일수록 원자핵과 더 가까운 안쪽 껍질을 돈다고 생각하면 돼. 1.3층이나 2.5층에 사는 사람이 없는 것처럼 전자도 마찬가지야. 자신이 위치한 껍질 안에서만 돌아.

각 층에 최대로 들어갈 수 있는 전자 수가 정해져 있어. 1층은 2개, 2층은 8개, 3층은 8개, 4층은 18개야. 그리고 낮은 층이 다 채워져야 다음 층에 전자가 들어갈 수 있다고 보면 돼.

예를 들면 원자 번호 3번인 리튬(Li)은 번호가 3번이니 전자가 3개잖아. 그러니 1층에 들어갈 수 있는 전자 수인 2개를 다 채우고, 남은 전자 1개는 2층으로 가는 거야. 원자 번호 8번인 산소는 어떨까? 8개의 전자가 있으니 1층에 2개, 2층에 6개의 전자가 있는 거지. 원자 번호 11번인 나트륨(Na)은 11개의 전자가 있으니 1층에 2개, 2층에 8개를 채우고 3층에 1개의 전자만 남게 돼.

원자는 가장 바깥층을 꽉 채우고 싶은 욕망이 있는 것 같은 모습을 보여. 그래서 가장 바깥쪽 껍질을 다 채우고 전자가 약간 남으면, 그 전자를 딴 데로 줘 버리지. 껍질을 가득 채우기에 전자가 약간 모자라면 마저 채워서 안정시키려 하고.

예를 들면 원자 번호 3번인 리튬(Li)은 2층에 남은 하나의 전자를 버리고, 첫 번째 궤도를 가득 채운 모습이 되길 좋아해. 원자 번호 11번인 나트륨(Na)도 세 번째 궤도에 1개의 전자가 혼자 덩그러니 있으니 버리려고 하지. 리튬, 나트륨 모두 똑같이 1개의 전자를 내보내려는 성질이 있기에 둘의 성질이 매우 유사하다고 하는 거야.

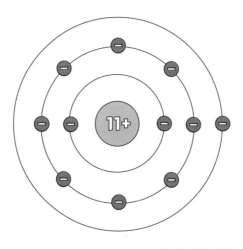

나트륨 원자 모형

18족 원소인 2번 헬륨(He), 10번 네온(Ne), 18번 아르곤(Ar)은 가장 바깥쪽 껍질이 본래부터 꽉 차 있어. 이들은 이미 안정적이라 다른 원소들과 반응하려고 하지 않아. 그래서 그 존재가 오랜 시간 밝혀지지 않았지.

멘델레예프가 주기율표를 만들 무렵 63개의 원소가 알려졌는데도 이들은 발견되지 않았어. 이들은 다른 원소들과 반응해 문제를 잘 일으키지 않기에 불빛을 내는 용도로 많이 이용해. 불타거나 폭발하거나 하지 않거든. 네온사인 들어봤지? 바로 그 네온이야.

이처럼 가장 바깥쪽 궤도에 있는 전자의 개수를 보면 대략의 화학적 성질을 짐작할 수 있는 셈이지. 족이 같으면 성질이 유사한 이유는 뭐라고? 가장 바깥에 있는 궤도의 전자 수가 같기 때문이야. 이 엄청난 사실을 한눈에 볼 수 있는 게 바로 주기율표지. 그래서 원소 주기율표에는 화학의 정수가 담겼다고도 해.

아이작 뉴턴

"단순하게 생각하니 만유인력의 법칙이 보이더군요"

1643년 ~ 1727년

영국의 물리학자이자 수학자. 지구의 마지막 연금술사인 동시에 종교
학자이다. 만유인력의 법칙을 발견해 17세기 과학 혁명의 상징적인
인물로 역사에 남았다. 미적분법의 창시자이자 뉴턴 역학 체계를 확
립한 인물로 오늘날 수학과 물리학에 큰 영향을 끼쳤다.

오늘은 이분의 이름을 모르는 사람이 없을 정도로 아주 유명한 분을
모셨습니다. 사과가 떨어지는 것을 보면 이분 생각이 안 날 수가
없지요. 벌써 눈치챘다고요? 물체의 운동, 만유인력, 빛을 연구해
많은 업적을 남긴 분입니다. 또한 연금술에 빠져 자기 몸에 위험한
실험을 하다가 앓아눕기까지 했다고 하죠. 흥미로운 이야기가 많을 것
같은데요. 지금까지 설명만으로도 누군지 충분히 짐작하셨죠?
과학과 수학의 천재, 뉴턴 님을 모셨습니다.

뉴턴　　반갑습니다. 아이작 뉴턴입니다.

과만　　먼 길 오시느라 고생이 많……. 어이쿠, 죄송합니다. 제가
　　　　핸드폰을 떨어트려서…….

뉴턴　　저런, 떨어진 충격 때문에 사과가 부서졌는데요.

과만　　아, 이건 원래 이런 모양입니다. 이 회사에서 나온 핸드폰을
　　　　보면 모두 이렇게 오른쪽을 베어 먹은 사과가 그려져 있어요.

상징 같은 겁니다.

뉴턴　흠……. 같은 부족임을 나타내는 토템 같은 건가요? 흥미롭네요. 제가 있던 때나 지금이나 사과가 땅으로 떨어진다는 사실은 변함이 없군요. 역시 만유인력의 법칙은 지고의 진리입니다.

과만　만유인력의 법칙을 발견하셨다니 정말 대단하십니다. 만유인력에 대해 알기 쉽게 설명해 주시겠어요?

사과, 대포, 만유인력

뉴턴　제가 늘 궁금했던 게 사과는 나무에 매달렸다가 땅으로 떨어지는데, 왜 달은 지구로 떨어지지 않는가였어요. 손에 쥔 물체를 놓으면 속도가 빨라지면서 아래로 떨어지고, 행성들은 태양을 중심으로 돌고, 달은 지구 주변을 돈다는 것쯤은 당시에도 알려진 사실이었거든요. 그런데 이 둘을 연관해서 생각하진 않았어요. 천상계와 지상계는 완전히 다른 세계로 인식되었지요. 하지만 저는 이 모든 세계를 지배하는 보편적인 법칙이 있다고 생각했어요. 우리가 먹는 작은 사과든 저렇게 큰 달이든 같은 법칙의 지배를 받는 거죠.

자, 대포를 떠올려 볼까요? 공기의 저항은 없다고 가정할게요.

이렇게 머릿속으로 상상하는 실험을 사고 실험이라고
합니다. 이해를 돕기 위해 아래 그림을 가져왔으니 참고로
봐 주세요. 대포를 쏘면 V_1처럼 대포알이 포물선을 그리며
날아가다가 땅으로 떨어집니다. 만약 지구에서 당기는 힘이
없다면 대포알은 V_0처럼 지구 밖으로 날아갔을 거예요. 그러니
지구에서 당기는 힘이 작용하고 있단 얘기죠. 더 빠른 속도로
대포알을 쏘면 V_2처럼 더 멀리 날아가고요. 속도를 더 높이면
지구는 둥글기 때문에 지구 반대편까지 날아갈 수도 있을
겁니다.

거기서 발사 속도를 더욱더 높이면 어떻게 될까요? V_3처럼
지구를 한 바퀴 돌아서 제자리로 온 뒤 계속 돌겠죠. 이처럼
포탄은 밑으로 계속 떨어지지만 그 속도 때문에 지구를
공전하게 되는 거예요.

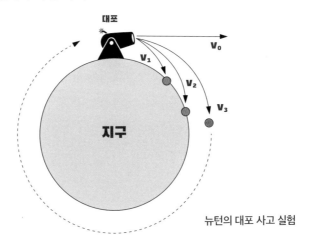

뉴턴의 대포 사고 실험

단순하게 생각하니 만유인력의 법칙이 보이더군요 아이작 뉴턴

과만 와, 이렇게 들으니 이해가 되는 것 같아요!

뉴턴 달도 마찬가지예요. 사과가 중력에 의해 땅으로 떨어지듯이 달도 중력에 의해 지구를 향해 계속 떨어지죠. 그러나 달은 지구가 당기는 힘을 상쇄할 만큼 빠른 속도로 돌고 있기 때문에, 지구와 부딪히지 않습니다. 또한 달이 저 먼 곳으로 날아가지 않는 이유도, 달이 직진하는 힘과 균형을 이루는 힘이 끊임없이 달을 당기기 때문이에요. 이 힘의 근원은 지구의 인력이고요. 돌멩이를 줄에 매단 후 줄 끝을 잡고 돌리면 돌이 손을 중심으로 빙글빙글 돌죠? 손 쪽으로 오지도 않고 밖으로 튕겨나가지도 않고 궤도를 유지해요. 달이 바로 이런 상태인 거예요. 다른 행성들은 태양의 인력에 묶여 있는 거고요.

저는 이런 사고 실험 끝에 마침내 모든 물체에 적용할 수 있는 보편적인 법칙을 찾았고 이를 수학으로 증명했어요. 이것이 바로 만유인력의 법칙입니다. 만유인력이란 '만물은 끌어당기는 힘이 있다'라는 뜻이에요. 모든 물체 사이에는 만유인력이 존재하는데, 다른 말로 중력이라고도 해요.

과만 저는 지구와 사과, 지구와 달, 태양과 지구 이런 것들에만 중력이 작용한다고 생각했거든요. 모든 물체가 다 가지고 있는 힘인가요?

뉴턴 네, 맞습니다. 그래서 '만유'인력이지요. 과만 님의 그 사과

핸드폰도 가지고 있어요. 지구만 핸드폰을 당기는 게 아니라, 핸드폰도 지구를 당기고 있어요. 다만 핸드폰에 비해 지구의 질량이 너무 크다 보니, 지구가 느낄 만한 변화는 없고 핸드폰만 끌려가 지구에 찰싹 달라붙는 거죠.

사생아로 태어난 미숙아

과만   늘 보던 것들을 당연하게 생각하지 않고, 의문을 품고 탐구해 숨은 원리를 찾아내신 선생님의 자세에 감탄이 나오네요. 혹시 어릴 때부터 신동이셨나요?

뉴턴   아휴, 아닙니다. 어린 시절에는 공부보다 책을 읽거나 기계를 가지고 노는 걸 좋아했어요. 작은 톱이나 도끼, 망치 같은 도구를 잘 다뤘고, 물건을 직접 만들기도 했죠. 물레방아 모형도 만들고 연이나 종이 손전등을 만들기도 했어요. 어린이가 만든 것 치고는 꽤 훌륭한 발명품이었죠. 사실 학교 성적이 뛰어나진 않았어요. 꼴찌에 가까웠죠. 그런데 어느 날 저보다 성적이 좋았던 반 친구와 다툰 후, 경쟁심이 생겨서 그때부터 열심히 공부했어요. 공부의 재미를 알면서 성적도 많이 올랐죠. 그러자 교장 선생님께서 저의 재능과 잠재력을 알아봐 주셨어요.

과만   책을 읽거나 물건을 발명하는 등 주로 혼자 보내는 시간이
　　　　많았군요. 선생님의 어린 시절 이야기를 더 듣고 싶습니다.

뉴턴   날 때부터 몸이 작고 약했어요. 태어나자마자 약을 먹어야
　　　　했고 어른들은 제가 곧 죽을 거라 생각했대요. 다행히 잘
　　　　살아남았지만 한창 자라서도 또래보다 늘 몸이 작았어요. 제가
　　　　어머니 배 속에 있을 때 아버지는 돌아가셨고, 이후 어머니는
　　　　저를 외할머니에게 맡기고 재혼하셨어요. 아버지 얼굴도 한 번
　　　　못 봤는데 어머니마저 저를 버렸다는 생각에 상처가 컸어요.
　　　　그래서 바로 옆 마을에 어머니가 사셨지만 찾아가지 않았어요.
　　　　열다섯 살 때 어머니는 제가 학업을 그만두고 농부가 되길
　　　　바라셨어요. 물론 저는 반항했지만, 어머니는 완강하셨어요.
　　　　다행히 저의 재능을 알아봐 주신 교장 선생님이 적극적으로
　　　　어머니를 설득해 대학에 갈 수 있었답니다.

과만   평탄하지 않은 어린 시절을 보냈군요. 그래도 선생님이 가장
　　　　빛날 수 있는 길을 잘 찾아가신 것 같아 다행입니다.

바늘로 자기 눈을 찌른
최후의 마법사

과만   대학생 때 이미 수학과 물리학에 탁월하셨고 이후 물리학계의
　　　　별 같은 존재가 되셨잖아요. 그런데 떠도는 소문에 선생님이

연금술사라는 말이 있습니다. 심지어 뜨개질 바늘로 자신의 눈을 찔렀다는 말도 있고요. 황당한 말이지만 사실 관계를 명확히 하기 위해 팩트 체크 부탁드려요.

뉴턴　놀랍게도 둘 다 사실입니다. 저는 노트에 여러 가지 기록을 많이 남겼는데, 다른 기록보다 연금술에 대한 기록이 훨씬 많답니다. 그래서 저의 노트를 연구하던 후대의 경제학자 케인스는 저를 중세 최후의 마법사로 칭했지요.

과만　연금술은 비과학적이라 생각되는데 선생님이 연금술에 심취하셨다니 좀 의외네요. 어떻게 보면 또 선택한 분야를 끊임없이 연구하는 선생님의 자세와 잘 어울리는 것 같기도 하고요. 성과가 있었나요?

뉴턴　지금은 화학이 발달해 연금술이 불가능하다는 걸 누구나 알지만 그때는 아니었어요. 앞서 멘델레예프 님의 인터뷰에서 유추할 수 있는데 단일한 원소가 바뀌려면 양성자가 변해야 합니다. 그런데 양성자는 워낙 견고해서 당시 기술로는 변하게 할 수 없었어요. 전자로 인한 화학 변화만 가능했지요. 끊임없이 연구하고 실험했지만 결국 납이나 구리로 금을 연성하진 못했어요.

바늘로 눈을 찌른 일은 지금 생각하면 참 아찔합니다. 눈알과 눈구멍을 둘러싼 뼈 사이에 틈이 있으니, 그 사이로 뜨개질 바늘을 밀어 넣을 수 있을 거라 생각했어요. 바늘을 눈알

뒤쪽까지 밀어 넣고 눈알을 눌러 봤죠. 어떤 위치를 누르냐에 따라 빛이 다른 색깔로 보인다는 것을 직접 확인했어요.

과만 듣기만 해도 겁이 나는데요. 그래도 실명하지 않았으니 운이 좋았네요. 위험한 행동이니 구독자 여러분은 절대 따라 해서는 안 됩니다.

뉴턴 맞아요. 깨끗하지 않은 바늘에 감염되어 한동안 앓아누웠는데, 시력을 잃지 않은 건 정말 기적이에요. 다시 생각해도 정말 위험한 행동이었어요.

과만 무모하지만 선생님의 호기심과 탐구 정신을 엿볼 수 있는 에피소드인 것 같습니다. 참, 핼리 님과 절친한 사이셨다고요? 핼리 혜성의 그 '핼리' 맞나요? 신기하네요.

만유인력을 설명한 《프린키피아》

뉴턴 네, 맞아요. 훌륭한 천문학자죠. 핼리가 저를 처음 찾아왔을 때가 생각나네요. 당시 저는 외부 활동은 거의 하지 않은 채 조용히 연구와 연금술 실험에 매진할 때였어요. 그는 누가 더 빨리 지구의 공전 주기를 수학적으로 계산해 내느냐를 두고, 다른 두 학자와 내기를 했어요. 당시 천문학자들은 지구가 태양을 중심으로 돈다는 것을 알고는 있었지만,

그것을 수학으로 계산하면 이상하게도 공전 주기 계산이 맞지 않았어요. 핼리는 중력이 거리의 제곱에 반비례하면 문제의 실마리가 풀릴 것 같다고 추측했으나, 만족할 만한 계산법을 찾지 못한 상황이었죠. 그래서 혹여나 하는 마음에 저를 찾아온 거예요.

"태양이 행성에 미치는 인력이 태양에서 행성이 떨어진 거리의 제곱에 반비례한다면, 어떤 궤도가 나올 것 같습니까?"라고 그가 물었죠. 저는 1초 만에 "타원"이라고 답했습니다. 이미 20년 전에 끝낸 계산이었거든요. 그는 깜짝 놀라며 왜 이것을 발표하지 않았느냐고, 자신이 적극적으로 도와줄 테니 책으로 출판하자고 했어요. 처음엔 썩 내키지 않았지만, 그의 끈질긴 설득에 마음을 돌렸습니다. 그는 제가 연금술에 쏟을 에너지를 물리학에 쏟도록 이끌어 준 사람입니다. 물리학에서 저의 업적이 있다면 핼리의 공이 컸다는 것을 기억해 주세요.

과만 위대한 발견을 하고도 20년 동안 발표하지 않으셨다니, 꼭 다윈 님 같군요.

뉴턴 네?

과만 그런 일이 있어요. 궁금하시면 다윈 님 인터뷰를 보셔요.

뉴턴 핼리가 책 출판 비용을 자비로 대면서까지 물심양면으로 도와주어 《프린키피아》를 출간했어요. 물체의 운동 법칙과 만유인력의 법칙을 설명하고 수학으로 증명한 책입니다.

중력은 왜
존재하는가

과만 《프린키피아》란 책에서 만유인력 법칙을 발표하셨군요.
그런데 왜 물체들은 서로 끌어당기는 힘이 있나요?

뉴턴 저도 중력과 관련된 수학적 법칙을 밝혀냈지만 이 힘이 왜
생기는지 몰랐어요. 이는 후대의 과학자인 아인슈타인이
밝혀냅니다. 대단하지요? 그의 이름이 들어간 우유를 마시면
똑똑해질 것 같은 기분이 듭니다. 왜 제 이름이 들어간 우유는
안 나올까요? 먹고 싶은데……. 아무튼 아인슈타인은 시공간의
휘어짐 때문에 중력이 생긴다고 말했어요.

과만 분명 한국어인데 무슨 말인지 이해가 잘 안 되네요.

뉴턴 탄력 좋은 두꺼운 고무판 위에 무거운 쇠구슬과 가벼운
쇠구슬을 올려놓았다고 생각해 보세요. 무거운 구슬이 올려진
곳은 고무판이 휘어지면서 밑으로 움푹 들어가겠죠? 가벼운
구슬이 올라간 곳은 살짝만 휘어지고요. 무거운 구슬로
고무판이 크게 휘어지면 그 주변이 그만큼 당겨집니다. 그래서
가벼운 구슬이 가까이 있으면 끌려와서 부딪쳐 버리죠.
멀리 있는 구슬도 조금 당겨지는 힘을 받고요. 중력은 이와
비슷합니다. 한 구슬이 다른 구슬을 직접 당기진 않았으나,
고무판이 휘어지면서 다른 구슬을 끌어당겼듯이 공간의

휘어짐으로 인해 다른 물체를 끌어당기죠. 즉, 물체가 염력 같은 초능력을 사용해 주변 물체를 끌어당기는 것이 아니라, 질량을 가진 물체가 공간을 굽어지게 만들기 때문에 인력이 생기는 원리입니다. 순환 고리처럼 물질이 시공간에 영향을 미치고 시공간은 물질에 영향을 미치지요. 그러나 질량을 가진 물체가 왜 공간을 굽어지게 만드는지, 근원적으로 왜 이 우주에 그러한 힘이 있는지는 아직 밝혀지지 않았어요. 처음부터 우주에 존재하는 힘으로 보고 있습니다. 우주에 중력이 기본적으로 존재하기에 이 세상의 모든 것들도 존재하는 것이니, 이 힘에게 고맙다고 해야 할까요.

과만　갑자기 중력이란 게 참 신비하게 느껴지네요. 그 신비를 밝히는 문을 활짝 열어 주셔서 감사합니다. 선생님께서 고전 물리학을 집대성해 주셨기에, 후대의 학자들이 더 발전된 연구를 할 수 있었던 것 같습니다.

진리를
찾는 아이

뉴턴　뭐, 저에게 자부심이 없는 건 아니지만 그렇다고 저 혼자 이뤘다고 생각하진 않습니다. 제가 멀리 볼 수 있었던 이유는 거인의 어깨 위에 올라타 있었기 때문이지요.

　단순하게 생각하니 만유인력의 법칙이 보이더군요　아이작 뉴턴

과만	선생님보다 앞서 연구를 하신 분들이 있어서 선생님이 큰 성취를 이룰 수 있었다는 말이군요. 그 거인은 누구인가요?
뉴턴	여러 명이 있지만 아리스토텔레스, 코페르니쿠스, 케플러, 갈릴레이 같은 분들은 특히 더 큰 거인이었습니다.
과만	선생님과 이렇게 대화해 보니 겸손하고 온화한 분 같은데, 당시 학문적 경쟁자에게는 무척 냉혹하셨다는 말이 있더라고요.
뉴턴	네, 저도 후회가 됩니다. 그때는 다른 학자들과 사소한 일로 자주 싸웠어요. 제게 권력이 생긴 후에 그들에게 보복하기도 했고요. 다른 사람의 아이디어에 영감을 얻었을 때는 그 사실을 인정하고 밝혀야 하는데, 저는 오로지 제 공로로 만들려 했어요. 로버트 훅, 고트프리트 라이프니츠, 존 플램스티드 등과 갈등이 깊었지요. 특히 라이프니츠를 이기기 위해 권력을 사용해 비열한 행동을 한 것이 마음에 걸립니다. 돌이켜 보니 그때 성숙한 모습을 보이지 못한 것 같아 부끄럽습니다.
과만	자기애가 무척 크셨나 봅니다. 평생 독신으로 살았고 장수하셨다고 들었어요.
뉴턴	네, 여성이나 연애에 관심이 없었어요. 대신 물리학, 종교학, 연금술에 매진했습니다. 84세까지 살았으니 당시에는 매우 오래 산 편이지요. 여러모로 운이 좋았던 것 같습니다. 앞서

말했듯이 제 몸으로 위험한 실험도 몇 번 했으나, 크게 다치지 않았거든요. 연금술사들은 병에 많이 걸려요. 수은이나 납을 자주 만지고 심지어 재료의 성질을 파악하고자 맛을 보기도 하니까요. 저도 연금술에 심취했던 만큼 수은, 납 중독으로 인한 신체 마비나 큰 병에 걸릴 가능성이 컸는데도 그러지 않았지요.

과만 큰 병 없이 장수하셔서 다행입니다. 선생님이 영면에 들기 전 남기신 말이 인상 깊었습니다.

뉴턴 "세상 사람들이 나를 어떻게 보는지 나는 모른다. 나 자신에게 비친 나는 바닷가에서 놀고 있는 소년일 뿐이다. 거대한 진리의 바다는 아무것도 가르쳐 주지 않으며, 내 앞에 펼쳐져 있을 뿐이다. 나는 바닷가에서 놀다가 가끔씩 자그마한 돌과 예쁜 조개를 찾으며 즐거워했을 뿐이다." 제가 마지막으로 남긴 말이에요.

과만 진리를 찾는 아이의 마음으로 세계의 이치를 밝히려 하신 삶의 태도에 숭고함을 느낍니다. 질의응답으로 넘어가겠습니다.

Q&A
: 그것에 답해 드림

아이 유턴 아까 우주에 중력이 기본적으로 존재하기에 이 세상의 모든
것이 있다고 말씀하셨는데, 구체적으로 그 의미를 알고
싶습니다.

뉴턴 별은 어떻게 태어났을까요? 어둡고 광막한 우주에 수소, 헬륨,
먼지 같은 성간 물질이 흩어져 있을 때, 다른 곳보다 중력이
조금 더 강한 부분에서 별의 탄생이 시작됩니다. 중력이
조금 더 강하니 주변의 성간 물질을 끌어당기고, 그렇게
조금 덩치가 커지니 중력은 더 커지겠죠? 이렇게 연쇄적으로
되먹임 현상이 일어나 밀도가 매우 높은 기체 덩어리가
됩니다. 중력이 매우 커진 이 덩어리의 중심핵 부분은 점점
온도가 올라가요. 온도가 1,000만 도에 이르면 별의 연금술이
일어납니다. 수소 핵융합이 일어나 헬륨을 만들어 내고,
엄청난 에너지를 방출하지요.
이것이 별입니다. 엄청난 에너지가 생성되기에 별은 멀리
있어도 반짝반짝 빛이 납니다. 별은 헬륨뿐만 아니라 다른
많은 원소들을 만들어 내는데, 우리가 아는 원소 대부분은
별의 배 속에서 만들어졌거나 별이 폭발할 때 만들어진

거예요. 지구와 같은 행성 또한 비슷한 과정을 거칩니다. 우주의 먼지들이 중력에 의해 뭉친 거지요. 중력이 없다면 별도, 별의 하나인 태양도, 지구도 존재할 수 없을 거예요. 별이 만들어지지 않았다면 주기율표에 있는 그 많은 원소들도 만들어질 수 없겠죠? 당연히 우리가 보는 이 세상은 존재하지도 않을 거고요. 중력이 있어서 이 세상의 모든 것이 있게 되었다는 말이 이제 이해가 되나요?

기뉴턴전대 저는 지구의 유일한 위성인 달을 좋아합니다. 평소 '정읍사'를 외고, 노래방에선 '서울의 달'만 부르거든요. 걸을 때는 문워크로 걷습니다. 제가 사랑하는 달의 중력에 관해 듣고 싶습니다.

뉴턴 달 사랑이 지극하군요. 달의 중력은 달의 모든 것에 영향을 끼쳤습니다. 약 45억 년 전 화성만 한 크기의 행성이 지구와 비슷한 궤도를 돌다가, 지구 중력에 이끌려 대충돌을 일으킵니다. 엄청난 폭발로 지구의 일부가 부서지고, 파편들은 대기권 밖으로 튕겨 나갔어요. 이 파편들은 지구 중력에 의해 토성 고리처럼 띠를 이루다가, 서서히 자기들끼리 뭉쳐서 달이 되었어요. 즉, 중력의 작용으로 달이 탄생한 거죠. 최근 넷플릭스 드라마 〈고요의 바다〉를 흥미롭게 봤어요. 그런데 드라마에서 달 표면을 걷는 장면이 좀 이상하더라고요.

달의 중력은 지구의 6분의 1 정도라, 몸무게가 60킬로그램인 사람이 달에 가면 10킬로그램이 됩니다. 그래서 드라마에서처럼 규칙적으로 걸을 수 없어요. 무중력에 가깝기 때문에 몸이 붕붕 뜨고, 걷다가 재빨리 멈춘다든지 하는 몸의 제어가 어렵거든요. 고탄력 트램펄린 위를 걷는 느낌이랄까요. 아마 달에서 높이뛰기나 스키점프를 하면 무척 흥미로울 겁니다.

태양에서 비슷한 거리에 있는 지구와 달인데도 그 모습은 극명하게 다릅니다. 그 이유는 달은 중력이 작아서 지구처럼 대기를 붙잡아 둘 수 없기 때문이에요. 중력이 약하기 때문에 땅속이나 암석에 있던 대기가 지표로 나오자마자 우주로 다 흩어지거든요. 대기가 없다는 말은 보호막이 없다는 뜻이에요. 무서운 속도로 다가오는 소행성 또는 강력한 자외선을 막아 줄 차단막이 없다는 말이죠. 위에서 눌러 주는 대기가 없으니 물도 금방 기체가 되어 우주로 사라져 버리지요. 즉, 물이 액체 상태로 존재할 수 없어요. 중력이라는 손이 긴 세월 동안 달을 지금의 모습으로 조각했다고 보면 돼요.

생명에 숨은
만유인력의 법칙

모든 물체 사이에는 서로 끌어당기는 힘이 작용하는데, 이 힘을 만유인력이라 해. 뉴턴은 만유인력을 구하는 공식을 세웠어. 아래를 봐.

$$F = G\frac{m_1 m_2}{r^2}$$

뉴턴이 세운 만유인력의 공식이야. 간결하지? F는 만유인력의 크기를 말하고 G는 만유인력 상수로 일정한 값을 나타내. 중요한 것은 r과 m이야. r은 두 물체 사이의 거리고 m은 물체의 질량이야. m_1, m_2는 두 물체를 말하는 거야. 즉, 만유인력은 두 물체 사이의 거리 제곱에 반비례하고, 두 물체의 질량에 비례함을 알 수 있어. 중력이 두 물체의 거리 제곱에 반비례하기 때문에, 태양의 중력이 매우 커도 우리가 태양에 끌려가지 않을 수 있는 거야.

지구의 중력은 지구 생명체의 진화에 크나큰 영향을 미쳤어. 주변을 둘러보면 눈으로 볼 수 있는 생물들은 대부분 좌우 대칭을 이루잖아. 그런데 위아래로 대칭인 생물은 좀처럼 보기 어려울 거야. 위와 아래는 왜 대칭을 이루지 않을까?

답은 위쪽과 아래쪽에 작용하는 중력의 크기가 서로 다르기 때문이야. 위아래로 각기 다른 중력에 맞춰 몸을 만들었기에 대칭을 이루지 않는 거지.

바다 생물과 육지 생물은 그 모습이 많이 다르지? 이것도 중력과 관련이 있어. 바다를 채운 바닷물은 공기보다 밀도가 높아 부력이 있어. 그래서 바다 생물은 지구 중력의 영향을 덜 받으며 진화했어. 바닷물이 떠받쳐 주기에 튼튼한 골격이 없어도 크게 자랄 수 있는 거지.

소나무, 느티나무처럼 몸을 지지하는 단단한 구조 없이도 미역이나 다시마는 몇십 미터까지 자랄 수 있어. 달팽이처럼 육지에 사는 연체동물은 대개 크기가 작은데, 바다에서는 대왕 해파리나 오징어처럼 10미터가 넘는 연체동물을 흔하게 볼 수 있어. 바다에서는 바닷물에 의해 중력이 많이 상쇄되기 때문에 몸집이 커질 수 있는 거야. 오늘날 지구에서 가장 큰 동물인 대왕고래는 키가 30미터에 몸무게는 150톤 정도래.

벽이나 천장에 잘 앉는 파리나 모기를 보면 신기하지 않아?

거꾸로 매달렸는데도 스파이더맨처럼 떨어지지 않잖아. 그게 가능한 이유 역시 중력 때문이야. 그 녀석들의 몸이 너무 가벼워서 중력의 영향을 거의 받지 않는 거지. 만유인력 공식에서 분자인 m이 너무 작다 보니, 중력보다 발과 벽지 사이의 점성이 더 커서 벽지에 달라붙을 수 있어. 덩치가 커서 중력의 영향을 많이 받는 동물에게는 불가능한 이야기야.

이처럼 생명체마다 실제로 받는 중력의 크기가 달라서 오늘날 더 다양한 모습과 행태의 생명체로 진화할 수 있었어. 생명을 보며 중력을 떠올려 보는 것도 흥미로울 거야.

프리츠 하버

"암모니아와 독가스는 저의 업적이자 업보입니다"

1868년 ~ 1934년

19세기 독일의 화학자로 카를 보슈와 함께 질소 비료용 암모니아를 대량 생산하는 방법을 발견했다. 암모니아 합성법을 개발한 공로로 노벨 화학상을 받았다. 제1차 세계대전 당시 독일을 위해 대량 살상이 가능한 독가스를 개발했다.

요즘 '화학'이란 말을 꺼리는 경향이 있어서 화학 비료에 대한 인식이
썩 좋지는 않은데요. 그러나 화학 비료가 없으면 농산물 수확량이
줄어들어 전 세계 인구를 먹여 살릴 수가 없습니다. 화학 비료를
만든 이에게 노벨 평화상을 줘야 할 정도로 화학 비료는 중요한
발명품입니다. 공기에 널려 있는 질소를 붙잡아서 화학 비료를 만들 수
있게 한 사람이 프리츠 하버입니다. 하버는 이 업적으로 많은 사람을
굶주림에서 구한 위인이라 할 수 있습니다. 그런데 제1차 세계대전
후 전범으로 지목되기도 해서 의아하다는 생각이 듭니다. 어떤 일이
있었는지 인터뷰를 통해 들어 보겠습니다.

하버　안녕하세요. 프리츠 하버입니다. 독일의 화학자입니다. 방송을
　　　보는 분들 모두 구독과 좋아요 눌러 주세요.

과만　구독자들 사이에서 "하버가 누구야? 잘 모르는 사람이다.
　　　패스하자"라는 이야기가 나오고 있습니다. 이런 말씀 드리기

좀 그렇지만, 레전드 과학자와 함께하는 이번 특집 인터뷰에서 인지도가 가장 낮은 것 같습니다. 다윈, 뉴턴, 퀴리는 이름만 들어도 다 알거든요. 이에 대해 어떻게 생각하십니까?

하버   뭐, 다른 분들이 워낙 쟁쟁하셔서 제가 이 자리에 서는 것만으로도 영광이지요. 그래도 썩 기분이 좋지는 않군요. 구독자들에게 한마디 해야겠네요. 내가 말이야, 암모니아 추출법을 밝혀내지 않았다면 당신들 중 절반은 태어나지도 못했다고. 확 그냥 마, 내가 타노스처럼…….

과만   아, 하버 님이 많이 흥분하셨군요. 모든 사람이 보는 방송이니 표현을 조금…….

하버   죄송합니다. 저도 모르게 흥분해서 그만……. 주의하겠습니다.

암모니아가 있어서
우리가 있어

과만   그런데 언급하신 암모니아 추출법이 뭔가요? 그게 전 세계 인구를 먹여 살릴 만큼 중요한 건가요?

하버   그렇습니다. 식물이 제대로 자라는 데 꼭 필요한 것이 질소입니다. 질소는 원소 기호로 N이죠. 암모니아의 분자식이 NH_3입니다. N이 있죠. 그래서 식물에게 필수적인 영양소를 암모니아가 제공해 줄 수 있는 겁니다. 사람이나 가축의

똥과 오줌을 거름으로 쓰는 것이 유기농 농법이죠? 거름에는 식물이 필요로 하는 영양분이 많은데, 특히 질소가 암모니아 형태로 포함되어 있습니다. 제가 만든 많은 양의 암모니아는 비료로 사용되었고, 이 덕분에 식량 생산량이 획기적으로 늘었지요. 이런 비료 없이는 전 세계 인구를 먹일 만큼의 식량이 생산되지 않아요.

과만 엄청나게 중요한 것을 발명하셨군요. 오줌에 섞인 암모니아가 식물의 밥이 된다고 하니 신기합니다. 그럼 집에 있는 큰 화분에 오줌을 누면 식물도 잘 자라고, 환경도 보존되는 건가요?

하버 물론입니다. 무척 의미 있는 일이지요. 그렇지만 아마도 엄마한테 등짝 스매싱을 당하고 집에서 쫓겨날 확률이 거의 100퍼센트일 겁니다. 그러나 의미 있는 일을 하는 데는 시련이 따르는 법! 구독자 여러분, 의미 있는 일을 꼭 행동으로 옮겨 주……

과만 저희 방송은 특정 행동을 선동하지 않으며, 방송을 보고 취한 어떤 행동으로 발생한 피해에 대해서는 절대 책임지지 않음을 다시 한번 안내드립니다.

암모니아와 독가스는 저의 업적이자 업보입니다 프리츠 하버

나는 오늘도
질소를 먹었다

과만   그런데 이상합니다. 식물은 질소가 필요하기 때문에
        암모니아가 있어야 한다고 하셨죠? 공기 중에는 질소가 엄청
        많잖아요. 이렇게 질소가 많은데, 왜 식물에게 질소를 더 줘야
        하나요?

하버   좋은 질문이에요. 공기 중에 질소가 약 78퍼센트이니,
        식물에게 질소를 더 준다는 것이 황당해 보이지요. 그런데
        공기 중에는 왜 이렇게 질소가 많을까요?

과만   그러게요. 그 생각은 안 해 봤네요. 질소 과자가 많아서
        그런가요? 왜죠?

하버   멘델레예프 님과의 인터뷰 때 배운 것을 떠올려 보세요.
        '수헬리베붕탄질산'이니 질소는 탄소와 산소 사이에
        위치합니다. 원자 번호가 7번이죠? 7은 2+5죠? 네, 첫 번째
        궤도를 다 채우고, 5개의 전자가 두 번째 궤도를 채우고 있는
        상태입니다. 두 번째 궤도를 다 채울 수 있는 전자 개수인
        8개에서 3개가 모자라지요. 원자는 궤도를 가득 채우고 싶은
        욕망이 있는 것처럼 행동한다고 했죠? 혼자서는 비어 있는
        곳을 채울 방법이 없으니, 질소 원자 2개가 결합해 빈 곳을
        채우며 질소 분자가 됩니다.

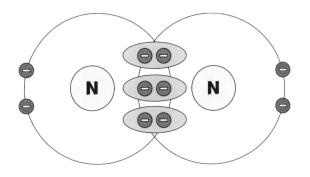

질소 분자 구조

즉, 전자를 3개씩 서로 공유해 마치 8개의 전자로 꽉 채운 듯한 모습을 보이면서 매우 안정적인 상태가 됩니다. 이렇게 3개의 전자를 공유하는 것을 삼중 결합이라 하는데, 이 결합은 무척 튼튼해 쉽게 쪼개서 떨어트릴 수가 없습니다. 이처럼 질소 분자는 한 번 형성되면 그 자체로 안정된 상태라, 다른 물질들과 좀처럼 반응을 하지 않습니다. 화산에서 분출되는 기체 중 극히 일부가 질소입니다. 새로 생기는 질소의 양은 무척 적지만, 질소 분자가 된 후 오랜 시간이 지나도 분해되지 않아 계속 쌓여요. 대기 중에서 질소가 차지하는 비율은 꾸준히 높아지지요. 즉, 공기 중에 질소의 비중이 가장 높은 이유는, 다른 기체들에 비해 잘 분해되지 않아 질소 분자 형태로 오래 보존되기 때문이랍니다.

과만　질소에 그런 비밀이 있었군요. 제가 어제도 과자를 샀는데,

암모니아와 독가스는 저의 업적이자 업보입니다　프리츠 하버

질소가 빵빵하게 들어 있더라고요. 과자 봉지에 질소를
충전하는 이유도 앞에서 말한 질소의 특징과 관련이 있나요?

하버　맞습니다. 공기 중에 질소는 널렸으니 일단 비용 면에서도
좋고, 다른 물질과 반응하지 않으니 안정성에서도 좋습니다.
만약 신선한 느낌을 주려고 과자 봉지에 산소를 가득
넣었다고 생각해 보세요. 불꽃이 튀는 순간 과자를 집던
내 손에 파이어볼이 생성된 것을 볼 수 있을 거예요. 다른
기체는 내용물과 상호작용을 하기 때문에 내용물이 변질될 수
있는데, 질소는 그렇지 않습니다. 그러니 내용물을 안정적으로
보존하는 데 아주 이상적이고 착한 기체이지요. 과자는 다람쥐
볼따구니만큼 넣고, 질소는 트리케라톱스 뒷다리만큼이나
넣어 부풀린 것이 죄지, 질소는 죄가 없답니다.

뿌리혹박테리아
같은 사람

과만　공기 중에 질소가 많은 이유는 이제 잘 알겠어요. 그런데 공기
중에 이렇게 질소가 많은데, 왜 식물에게 질소를 더 공급해
줘야 하는지는 아직 의문이 풀리지 않았습니다.

하버　지금까지의 설명은 이것을 답하기 위해서였습니다. 식물은
삼중 결합된 질소 분자를 이용하지 못해요. 식물이 필요한

것은 질소 원자, 즉 N_2가 아니라 N이에요. 그럼 N_2를 쪼개서 N을 쓰면 되지 않느냐 할 수 있지만, 아까 얘기했듯이 결합이 너무 튼튼해서 식물이 애들을 쪼갤 수가 없어요. 그래서 공기 중에 이렇게 많은 질소가 있어도 식물이 기공을 통해 이것을 바로 흡수해서 이용할 수가 없는 겁니다. 마치 바다 한가운데에 표류한 사람이 주변에 많은 물이 있지만 갈증을 느끼는 상황과 같지요.

과만 질소 분자가 그렇게 단단하게 결합하고 있으면, 식물은 필요한 질소를 어떻게 공급받나요?

하버 토양 또는 특정 식물의 뿌리에는 질소 고정 세균이라는 게 있어요. 이들은 대기 중에 있는 질소 분자를 식물이 이용할 수 있는 상태로 만들어 냅니다. 식물의 뿌리는 이들이 만든 것을 흡수해 생장의 자양분으로 삼아요. 놀랍게도 뿌리혹박테리아라는 세균이 콩과 식물의 뿌리 안에서 그 일을 합니다. 혹시 콩과 식물의 뿌리에 혹 같은 것이 많이 달린 것을 본 적이 있나요? 그게 바로 뿌리혹이에요. 거기에 뿌리혹박테리아가 대거 거주하면서 질소 분자를 식물이 이용할 수 있는 형태인 암모니아로 만들어요. 암모니아 생산 공장인 셈이지요. 식물은 뿌리혹박테리아가 자리 잡고 일을 할 수 있게 뿌리에 공간을 마련하고 영양분도 줍니다. 식물에게도 뿌리혹박테리아에게도 괜찮은 거래니, 둘은 공생 관계라 할 수 있겠습니다. 콩과 식물은 자체적으로 이런 공장을 가지고 있으니, 따로 비료를 주지 않아도 부족함 없이 잘 자랄 수 있답니다. 오히려 공장이 활발하게 돌아가 질소가 남으면 주변 땅에 나누어 줘서 토양을 비옥하게 만들어 줍니다. 그래서 토질이 좋지 않은 땅에 콩을 심곤 하지요.

과만　뿌리에 혹 같은 것이 있으면 이상하게 생각했는데, 그런 큰일을 하는 줄 몰랐네요. 그럼 콩 아닌 다른 작물은 질소가 충분하지 않겠네요.

하버　네, 매년 같은 땅에 많은 작물을 심기에, 시간이 지나면 양분이 부족할 수밖에 없습니다. 그래서 사람이 비료를 주지 않으면 생산량이 눈에 띄게 떨어집니다. 그중 질소 부족이 가장 심각하지요. 그렇기에 비료의 성분 중 제일 중요한 게 질소입니다. 하지만 가축의 분뇨만으로는 필요한 수요를 감당하기에 턱없이 부족해요. 저는 연구와 실험 끝에 암모니아를 만드는 데 성공해 화학 비료의 시대를 열었어요. 인공 질소 비료는 전 세계의 식량 생산을 획기적으로 늘렸고, 몇십 년에 걸쳐 수백만 명을 굶주림에서 구했어요. 오늘날 수십억 명이 배를 곯지 않을 수 있는 건 이 암모니아 제조법 덕분이죠.

과만　정말 대단하십니다. 뿌리혹박테리아 같은 분이셨군요. 어쩜 이렇게 뿌리혹박테리아 같을 수가…….

하버　칭찬 맞죠? 왠지 찝찝한 건 기분 탓이겠죠?

죽음의
기체

과만　사실 오늘 하버 님이 이 방송에 출연한다는 사실이 알려지고
　　　나서 엄청난 항의를 받았습니다. 항의 전화도 오고, 길거리에서
　　　시민들이 1인 시위를 하며 하버 님의 출연을 반대했어요. 무슨
　　　일이 있었던 거죠?

하버　다 저의 업보입니다. 제1차 세계대전이 일어났을 때였습니다.
　　　저는 조국 독일에 대한 애국심이 무척 투철했어요. 내 나라를
　　　위한 일이라면 어떤 일이라도 옳고, 진정한 국민은 그 일을
　　　기꺼이 해야 한다고 생각했어요. 지금은 애국이라고 다 옳은
　　　게 아니고, 또 애국이라는 이름으로 다른 존재에 고통을 주면
　　　안 된다는 것을 알아요. 하지만 그때는 그 사실을 깨닫지
　　　못했어요. 저는 제 화학 지식을 이용해 조국 독일에 승리를
　　　안겨 주고 싶었습니다. 그래서 독가스를 만들었죠.

과만　암모니아 제조로 수많은 생명을 구한 사람이 독가스를
　　　개발했다는 사실이 잘 믿기지 않네요. 안타깝습니다.

하버　네, 저도 후회를 많이 했습니다. 그때는 폭탄으로 살상하는
　　　것과 독가스로 살상하는 것이 별다른 차이가 없다고

암모니아와 독가스는 저의 업적이자 업보입니다　**프리츠 하버**

생각했어요. 독가스에 대한 공포감으로 독일이 압도적으로 유리해지면 전쟁이 빨리 종식될 거라 생각하기도 했고요.

과만 그럼 독가스는 무엇으로 만들었나요?

하버 독가스는 다양한 원료로 만들 수 있어요. 원료의 종류와 농도에 따라 그 위력이 달라져요. 한때 시위를 진압할 때 사용했던 최루탄도 독가스의 한 종류예요. 살상용 가스와 비교했을 때 그 효력이 약할 뿐이죠. 저는 염소(Cl) 분자를 이용해서 독가스를 만들었어요.

과만 염소 분자라니, 이름만 들어서는 독가스처럼 안 느껴지는데, 이게 왜 독가스인가요?

하버 염소의 원자 번호는 17번이에요. 원소 주기율표를 참고하면 전자가 2+8+7의 구조를 가진다는 것을 알 거예요. 두 번째 껍질까지 전자가 가득 찼고, 가장 바깥쪽 껍질에 7개의 전자가 있는 모습이지요. 즉, 전자가 1개만 더 있으면 8개가 되어 껍질이 가득 차고 안정적인 상태가 되는 거예요. 그래서 염소는 어떻게든 다른 곳에서 전자 1개를 빼앗아 오려고 하는 무법자가 됩니다. 염소 기체가 입이나 폐로 들어가면 입, 목, 폐의 물과 반응해 염산을 만들어요. 염소(Cl)는 다른 물질과의 반응성이 좋아 물(H_2O)의 O를 내쫓고, 자신이 H와 결합해 염산(HCl)이 되는 거죠. 염산은 금속도 부식시킬 정도로 무서운 물질이에요. 염산이 우리 몸 안에 들어가면 폐 벽면과

모세혈관을 할퀴어 숨을 못 쉬게 해요. 결국 사망에 이르게
됩니다.

과만 　듣기만 해도 무섭네요. 그런데 질소 분자는 공유 결합으로
궤도를 다 채우면 안정적인 상태가 되어 다른 물질과 좀처럼
반응하지 않는다고 했는데, 염소는 왜 그렇지 않은가요?

하버 　삼중 결합 때문이에요. 제가 앞서 설명했죠? 질소 분자는 삼중
결합인데, 염소는 전자가 하나만 모자란 상태이기에
염소 분자는 하나의 전자로 공유 결합을 합니다. 질소
분자만큼 그 결합이 튼튼하지 않기에 잘 분리되는 거죠.

잘못 겨눈 활은
빗나간 화살을 쏜다

과만 　그런 차이가 있군요. 그러면 독일은 독가스를 사용해 전쟁에서
유리해졌나요?

하버 　아, 잠깐 짚고 넘어갈 게 있는데, 제가 독가스를 최초로 개발해
전쟁에 사용한 건 아니에요. 이전에 프랑스와 러시아도
사용했어요. 다만 그들이 사용한 독가스는 위력이 세지
않았어요. 최루탄 정도였죠. 게다가 프랑스가 사용한 독가스는
바람에 날아가는 바람에 독일군은 공격을 받은 줄도 몰랐어요.
러시아는 추운 날씨에 가스가 얼어 실패했고요. 저는 살상용

독가스를 개발해 군대에서 사용할 수 있게 했어요. 처음에 군인들은 그 독가스가 성공할 줄 몰랐어요. 그래서 독가스를 처음 전투에 사용한 날, 진군할 병사를 배치해 두지 않았죠. 독가스가 연합군에 큰 피해를 입히면서 전투에는 이겼으나, 적의 방어선을 무너뜨려 점령하지는 못했지요. 이후 프랑스와 영국도 독가스로 보복 공격을 했기에, 독일이 독가스로 더 유리한 결과를 얻었다고 볼 수는 없어요. 결국 독일은 패배했죠.

과만 독일이 전쟁에서 패배한 후 처벌받지는 않았나요?

하버 여러 나라의 과학자들이 저를 전범으로 고발했어요. 많은 사람을 죽음에 이르게 했으니 저도 제 죄가 크다고 생각합니다. 하지만 좀 억울한 것도 있어요. 제1차 세계대전에서 사망한 사람은 대부분 독가스 때문이 아니라 폭발 때문이었어요. 그런데 화약이나 총, 탱크를 만든 사람이 전범이 되진 않았잖아요. 제2차 세계대전 때는 핵폭탄 때문에 단번에 수십만 명이 죽었는데도, 그 핵폭탄을 만든 과학자들이 고발당하거나 저만큼 비난받지는 않았다고요.

과만 음, 좀 억울한 점도 있겠지만, 다른 사람의 옳지 않은 행동이 본인의 옳지 않은 행동을 정당화할 순 없다고 생각합니다. 다른 과학자들에 대한 평가가 합당하지 않다 하더라도, 그건 그들의 문제일 뿐이에요. 선생님이 엄청나게 많은 사람이 죽을

수 있는 새로운 무기 개발에 참여하셨다는 사실에는 변함이
없으니까요.

하버　맞아요. 제가 잘못한 일이죠. 잘못 겨눈 활은, 그 활이 아무리
훌륭하다 해도 빗나간 화살을 쏠 뿐입니다. 맹목적인 신념으로
인한 결과가 얼마나 무서운지 이제 깨닫고 있습니다. 그때
저는 고발을 당하긴 했지만 법적인 처벌은 받지 않았습니다.
질소 비료를 개발한 공로를 전 유럽이 인정해 주었고, 연합군
또한 독가스를 사용했기 때문이지 않을까 싶습니다.

과만　그렇군요. 처벌은 피하셨으니 이후 큰 어려움은 없으셨겠어요.

제가 아내와 유대인을 죽인 건가요?

하버　네, 하지만 제 삶 자체가 형벌이었어요. 아내 클라라와 저는
학생 때부터 함께 화학을 공부했어요. 우리는 사랑에 빠졌고,
10년 정도 후에 제가 아내에게 청혼했지요. 전쟁이 한창일
때, 러시아 전선으로 가기 전에 집에 들렀어요. 그날 아내는
제게 독가스 연구를 그만두라고 애원했어요. 저는 아내를
사랑했지만 조국에 충성해야 했기에, 그 부탁을 들어줄 수
없었어요. 결국 아내는 그날 유서를 쓰고 제 권총을 자기
가슴에 대고 방아쇠를 당겼습니다. 자신의 죽음으로 저를

　　　　암모니아와 독가스는 저의 업적이자 업보입니다　**프리츠 하버**

말리고 싶었던 거예요. 저는 피에 젖은 아내의 시신 앞에서 울부짖었어요. 저의 첫사랑이자 평생의 반려자인 아내를 제가 죽게 만들었죠.

과만 마음이 아프네요.

하버 전쟁이 끝난 후 저는 법적 처벌은 피했으나 많은 사람에게 비난과 모욕을 받았어요. 전범이라는 딱지가 늘 저를 따라다녔지요. 그래도 저는 조국 독일에 대한 애국심만은 사그라들지 않았어요. 그러나 나치 정권은 유대인인 저를 탐탁스럽지 않게 여겼습니다. 모든 유대인을 사람 취급하지 않았으니까요. 제가 연구소의 소장이었는데, 유대인 직원을 모두 해고하라는 지시가 내려왔어요. 저는 제1차 세계대전 참전 용사라 괜찮았지만, 많은 직원을 제 손으로 해고해야 하는 상황이었지요. 단지 유대인이라는 이유로 함께했던 직원을 차마 해고할 순 없었어요. 고민 끝에 사직서를 내면서 "40년이 넘는 세월 동안 저는 지성과 인품을 고려해 협력자들을 선택했지, 그들의 할머니를 바탕으로 선택하지 않았습니다"라고 썼어요. 이 말이 신문의 헤드라인에 오르면서 나치 정권이 조금 곤란해졌다고 하더라고요. 제 나름대로 나치 정권에 맞서기도 했지만, 그렇다고 삶이 나아지진 않았어요. 차라리 다른 나라로 망명해 새 출발을 할까 싶었는데, 나치는 제 전 재산을 몰수해 버렸어요. 평생 충성을 다했던 조국으로부터도 완전히 버림받은 거죠. 이미 저는 악명이 높았기 때문에 다른 나라에서 일자리를 구하기도 어려웠어요. 영국에서 잠시 자리를 잡았으나 비난은 끊이지 않았고, 결국 저는 팔레스타인으로 가는 도중 심장마비로 생을 마쳤어요. 비참한 말년이었죠.

과만   사직서에 쓴 선생님의 말씀이 인상 깊네요. 누구보다 국가에 충성했는데, 단지 유대인의 피를 물려받았다는 이유로 버림받았으니 상심이 정말 컸겠어요.

하버   그렇죠. 모두의 손가락질을 받으면서도 조국의 번영만을 생각했는데, 조국은 단지 유대인의 피가 흐른다는 이유로 저를 내쳤으니까요. 더 가슴이 아픈 건 나치가 아우슈비츠 등 여러 수용소에 갇힌 600만 명이 넘는 유대인을, 유대인인 제가 만든 독가스로 학살했다는 사실입니다.

과만   안타깝네요. 공기를 빵으로 만든 천재 화학자로 불리며 전 세계 사람을 굶주림에서 구한 사람이 아내를 자살에 이르게 하고, 수만 명의 목숨을 앗아 간 독가스를 만들었다는 게 믿기지 않습니다. 그 독가스 때문에 자신과 같은 핏줄인 수백만 명의 유대인이 죽게 된 이 아이러니한 비극은 또 무엇이고요. 과학자의 윤리가 무엇인지 곱씹어 보게 되네요. 다소 무거운 분위기를 바꿀 겸 질의응답으로 넘어갈게요.

Q&A
: 그것에 답해 드림

프리더
하버
너무나 뿌리혹박테리아 같은 하버 님께 질문할게요. 혹시 인간의 몸에도 뿌리혹박테리아같이 공생하는 존재가 있나요?

하버
우리는 당연히 우리 자신이 하나의 생명체라고 생각합니다. 하지만 아주 작은 세계로 눈을 돌리면 또 다르게 볼 수 있습니다. 우리 몸은 약 30조 개가 넘는 세포로 이루어져 있는데, 각 세포는 하나의 단위로서 제 할 일을 합니다. 세포에는 단백질과 에너지를 만들어 낼 수 있는 화학 공장이 있어요. 그리고 모두 똑같은 DNA를 속에 품고 있어요. 그래서 필요할 때 자기와 똑같은 놈을 만들어 낼 수 있죠. 즉, 세포 하나하나는 생명을 유지하는 기관이 있고, 자신을 스스로 증식시킬 수 있는 시스템도 가지고 있으므로 독립된 하나의 생명체로 볼 수 있습니다. 수많은 세포들이 생존을 위해 함께 모인 결과가 곧 우리 몸이라고 할 수 있지요. 그렇게 보면 우리 몸은 수많은 세포들이 공생하는 거대한 집합체이지 않을까요? 그리고 놀라운 사실 하나는 우리 몸의 세포 수보다 더 많은 미생물이 내 몸에 들러붙어 있다는 거예요. 우리 눈에 보이진 않지만 입이나 장 속, 피부에는 몇십조 마리의 미생물이 우글거려요. 참고로 박테리아와 세균은 같은 말이고, 미생물은 단세포 형태로 살 수 있는 모든 미세한 생물을 가리킵니다. 미생물은 세균, 곰팡이 등을 포함해 넓은 범위를 아우르는 단어예요. 몸속에, 또 피부에 이렇게 세균이 우글거린다 하니 항생제나 비누로 없애야 하지 않을까 하는 생각이 들 수도 있는데요. 사실 미생물은 대부분 우리 몸에 피해를 주지 않아요. 오히려 상당수는 몸에 꼭 있어야 하는 것들입니다. 소화를 도와주고 피부를 보호해 주거든요. 그러니 우리 몸에 사는 많은 미생물과 우리는 서로 공생하는 관계라고 할 수 있어요.

요즘은 이 공생 관계가 무척 중요하다는 걸 많이 깨닫고 있어요. 소화를 도와줄 세균이 대장에 무사히 도착하도록 세균에 보호막을 씌워서 먹기도 해요. 피부를 보호하는 세균까지 다 죽이면 피부에 해로우니 너무 자주 샤워하는 것은 좋지 않다며 전문가가 조언하기도 합니다. 식물과 뿌리혹박테리아처럼 사람과 미생물 역시 서로 필요하며, 공동의 이익을 위해 암묵적인 동맹 관계를 맺고 있답니다.

할아버지 평소 일산화탄소가 치명적이라고 알고 있었는데, 이 방송을 통해 염소 가스도 독가스라는 것을 알게 되었어요. 그런데 제가 어제 웃긴 목소리를 내려고 헬륨 풍선에 든 가스를 마셨거든요. 몸에 괜찮을까요?

하버   네, 괜찮습니다. 우리 몸에 해로운 기체들로는 황(S),
플루오르(F), 브로민(Br) 등이 있습니다. 심지어 생명의 기체로
생각되는 산소조차 한편으로는 독이 되기도 합니다. 세상에
이렇게 무시무시한 기체들이 많이 있으니, 헬륨 가스를 깊이
들이마시면 위험하지 않을까 불안감이 들 법도 합니다. 하지만
걱정하지 않아도 됩니다. 삼중 결합한 질소가 공기 중에
78퍼센트나 있지만, 우리가 질소의 공격을 받지는 않잖아요?
원자 번호 2번인 헬륨 역시 2개의 전자가 첫 번째 껍질을 꽉
채우고 있어서 매우 안정적인 상태입니다. 혼자서도 아주
만족한 상태라 다른 전자를 받아들이거나, 가지고 있던 전자를
내보내고 싶은 마음이 없어요. 그래서 다른 물질과 반응하려고
하지 않아요. 그렇기에 우리 피부와 닿거나 들이마셔도 몸에
해가 되지 않습니다.

다만 헬륨 가스를 너무 많이 마시면 산소 공급이 충분하지
않아 문제가 될 수 있으니, 연속으로 과하게 마시지는 말아
주세요.

그런데 이렇게 얌전한 헬륨이 목소리는 왜 변하게 할까요? 그
이유는 헬륨의 무게와 관련이 있습니다. 헬륨은 원자 번호가
낮으니 양성자와 중성자 개수가 적겠죠?

헬륨은 밀도가 낮아 공기보다 더 빠르게 움직입니다. 여기서

밀도가 낮다는 말은 덜 빽빽하니 방해되는 것이 적어서 더 빠르게 움직일 수 있다는 의미예요. 목소리는 폐에서 나오는 공기가 성대의 진동을 받아 변화를 일으킨 거예요. 성대의 진동이 공기를 진동시키고, 그 진동은 출렁이며 퍼져 나가지요. 그리고 귀는 그 진동을 포착하고요. 속도가 빠른 헬륨은 성대의 진동을 더 빠르게 받아들입니다. 그러면 음이 높아져요. 순수한 헬륨은 2.7배 정도 음을 높인다고 하는데, 헬륨 가스를 마셔도 입 안에 헬륨만 100퍼센트 있는 건 아니니 1.5~2배 정도 음이 높아진다고 보면 돼요.

그럼 원자 번호 36번 크립톤(Kr)을 마시면 어떻게 될까요? 크립톤은 공기보다 무거워 속도가 느리기에, 본래 목소리보다 낮은 목소리가 나오게 됩니다. 크립톤 역시 헬륨과 같은 18족 원소로, 적당량만 마시면 인체에 무해한 착한 기체랍니다.

암모니아와 독가스는 저의 업적이자 업보입니다 프리츠 하버

물질의
세 가지 상태

염소 기체는 입과 목을 통해 몸 안으로 들어가 수소와 손을 잡으면서 염산이라는 액체가 돼. 그리고 고체인 몸을 할퀴어서 몸에 상처를 내. 고체, 액체, 기체는 물질의 원자들이 서로 어떤 모습으로 결합해 있느냐에 따라 나뉘는 세 가지 상태야.

냉장고에서 얼음을 꺼내 그릇 위에 두면 얼마 지나지 않아 물이 돼. 라면을 먹으려고 물을 냄비에 넣고 끓이면 물의 일부는 수증기가 돼. 얼음은 고체, 물은 액체, 수증기는 기체라는 건 이미 알고 있지? 분명 같은 재료인 H_2O로 이루어졌는데 왜 이렇게 모습이 다를까?

물질의 원자가 어떤 모습일지 상상해 보면 새로운 시각을 얻을 수 있어. 물론 우리 눈으로 아주아주 작은 원자를 볼 수는 없지만, 상상의 눈을 이용하면 사물을 더 잘 이해할 뿐 아니라 아름다운 세계를 접할 수도 있어. 지금 바로 고체, 액체, 기체 원자의 모습을 머릿속에서 그려 봐!

고체를 구성하는 원자나 분자는 반복적이고 규칙적으로 배열되어 있어. 분자들이 촘촘하게 붙어 있고 서로 당기는 힘이 매우 강하기 때문에, 힘으로 눌러도 모양이 쉽게 변하지 않아. 반면 기체는 일정한 형태가 없고, 흐르는 성질이 있어 분자들이 아주 활발하고 자유롭게 움직여. 그리고 액체는 고체와 기체의 중간 정도의 성질을 가지고 있어.

놀라운 점은 물질을 이루는 원자들이 가만히 정지해 있지 않다는 거야. 원자들은 쉴 새 없이 진동해. 긴 머리로 격렬하게 헤드뱅잉을 하는 록 가수의 모습을 떠올리면 이해하는 데 조금 도움이 될 거야.

기체 분자가 움직인다는 건 그럴 법해 보이지만, 고체 분자가 쉴 새 없이 움직인다는 사실은 잘 안 믿기지? 지금 내 눈앞에 있는 책상을 구성하고 있는 원자들의 떨림은 지금도 계속되고 있어. 다만 가지런하고 빽빽하게 들어찬 분자들이 서로 손을 꽉 붙잡은 채 제자리에서 헤드뱅잉을 하고 있는 셈이지.

분자의 헤드뱅잉과 온도는 서로 관련이 있어. 사실 온도는 분자들의 떨림의 세기라고 할 수 있어. 낮은 온도는 분자들의 떨림 정도가 약한 거고, 높은 온도는 격렬하게 요동치는 거지. 따뜻한 붕어빵을 만졌을 때 손가락이 뜨거운 이유는, 붕어빵의 분자가 빠르고 격렬하게 요동쳐 그것을 잡은 손가락 피부 분자를 마구 때리기 때문이야.

얼음에 손끝을 대면 왜 차가울까? 손끝에서 떨리던 피부 분자가 움직임이 아주 작은 얼음 분자를 만나면 피부의 진동이 얼음으로 넘어가. 얼음은 그 떨림을 전해 받고, 닿기 전보다 심하게 떨게 돼. 그러면 그 떨림 때문에 얼음 분자들은 서로 잡은 손을 놓치면서 일부가 대열에서 튕겨 나와 물이 되는 거지. 손끝은 얼음에 진동을 전해 주기 때문에 자신의 진동은 느려지고 약해져. 이게 바로 손끝이 얼음에 닿으면 차갑다고 느끼는 이유야.

라면을 끓이는 물은 또 어떨지 상상해 볼까? 불로 달궈진 냄비의 분자들이 마구 진동하면서 냄비 속 물 분자를 인정사정없이 때려. 그러면 물 분자들이 더 진동하면서 활발하게 움직여. 팔팔 끓는 냄비의 뚜껑을 열어 보면 물이 미친 듯이 요동치는 이유이지.

물 분자들은 서로를 당기는 힘이 있기 때문에 옹기종기 사이좋게 붙어 있는데, 이렇게 활발하게 움직이면 어떻게 될까? 서로 당기던 힘을 넘어 공기 속으로 튕겨 나가는 경우가 생기겠지. 물 분자가 튕겨 나간 게 바로 수증기야. 공기에는 방해될 것이 별로 없으니 그곳에서 더 자유롭고 더 격렬하게 돌아다니는 거지.

지금까지 고체, 액체, 기체는 작은 입자가 어떤 모습으로 결합해 있느냐에 따라 나뉜다는 것을 알아보았어. 입자들은 물질의 상태에 따라 다른 모습으로 결합해 다른 세기로 움직이지.

　　고체, 액체, 기체를 작은 입자들의 떨림으로 살펴보니 아주 신기하고 재미나지? 이처럼 과학은 우리에게 또 다른 세상을 볼 수 있는 눈을 주는 재미난 학문이야.

제임스 왓슨

"환상의 팀플레이가 DNA 구조를 밝혀낸 비결이에요"

1928년 ~ 현재

미국의 분자 생물학자이자 유전학자. 1953년 프랜시스 크릭과 함께 DNA의 이중 나선 구조를 발견했다. 이 업적으로 1962년 노벨 생리의학상을 받았다. 미국의 콜드 스프링 하버 연소구의 연구 소장이 된 후, 분자생물학으로 암의 원인을 밝히겠다는 목표를 세웠다. 당시 작은 규모였던 연구소를 최상의 암 연구 및 치료 센터로 만들어, 탁월한 과학 행정가의 모습을 보여 주었다.

부모와 자식은 많이 닮았습니다. 삼촌과 조카도 어느 정도 닮았지요. 이는 DNA를 일정 부분 공유하고 있기 때문입니다. 그런데 DNA는 어떻게 생겼을까요? DNA는 어떻게 자기 자신을 복제할 수 있는 걸까요? 세계 최초로 DNA의 구조를 밝히고, 그 복제 시스템까지 파헤친 과학자를 이 자리에 모셨습니다. 제임스 왓슨입니다.

과만   어서 오세요. 출연해 주셔서 감사합니다. 구독자 중에서
          선생님을 DNA를 발견하신 분으로 아시는 분들이 있습니다.

왓슨   그건 잘못 아신 겁니다. 제가 DNA 연구를 할 때는 이미
          DNA의 존재가 밝혀진 후였어요. DNA가 유전 물질일 수도
          있다는 연구까지 나온 상태였죠. 물론 당시 과학자 중에
          DNA가 아닌 단백질이 유전 물질일 거라 생각한 사람들이
          더 많긴 했어요. 아직 DNA가 어떤 모양인지 그 구조까지는
          모를 때였거든요. 저와 제 동료 크릭은 최초로 DNA의 구조를

환상의 팀플레이가 DNA 구조를 밝혀낸 비결이에요   제임스 왓슨

밝혔고, 그 구조를 밝힘으로써 DNA가 어떤 메커니즘으로 자기 복제를 하는지 알아냈어요.

과만 세포의 핵 속에 있는 그 작은 DNA의 구조를 밝혔다니 대단합니다. 선생님께서 밝혀낸 DNA는 어떤 구조였나요?

왓슨 이중 나선 구조입니다. 참으로 오묘한 구조예요.

과만 음, 잘 이해되지 않는데요.

왓슨 이제부터 차근차근 설명하겠습니다.

과만 네, 그러면 저처럼 모르는 분들을 위해 DNA가 무엇인지부터 설명 부탁드립니다.

이중 나선의
DNA

왓슨 세포의 '핵' 속에는 유전에 관여하는 물질이 있는데 이 물질은 '산성'을 띠기에 '핵산'이라고 불립니다. 디옥시리보핵산(Deoxyribo Nucleic Acid)은 핵산의 한 종류예요. 앞 글자만 따서 DNA라고 부릅니다. 참고로 다른 종류의 핵산은 최근 코로나 백신 때문에 유명해진 RNA입니다. 화이자, 모더나 백신이 RNA를 이용한 백신이에요. DNA는 유전 정보를 암호화하는 분자예요. DNA는 뉴클레오티드라는 분자를 연결한 끈 같은 겁니다.

아래 그림을 같이 보실까요? 이 그림은 뉴클레오티드 몇 개가 결합한 모습을 나타낸 거예요. 하나의 뉴클레오티드는 당, 인산, 염기라는 분자로 구성되어 있어요. 당, 인산, 염기가 결합한 모습을 평면으로 나타내면 'ㅏ'와 같은 모양이에요.

좀 더 자세히 볼까요? 당과 인산이 결합하면 사다리의 뼈대 같은 'ㅣ' 모양을 이루어요. 이때 염기가 'ㅡ' 모양으로 사다리 안쪽을 바라보고요. 반대쪽 사다리 뼈대의 염기도 'ㅓ'처럼 안쪽으로 향하기에 둘이 결합해 사다리의 계단 같은 모양을 만들어 내는 거죠.

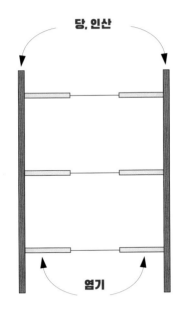

DNA의 평면 구조

환상의 팀플레이가 DNA 구조를 밝혀낸 비결이에요   제임스 왓슨

과만	와, 뭔가 복잡하네요.
왓슨	이제부터 시작입니다. 염기에는 네 종류가 있어요. 아데닌(A), 티민(T), 시토신(C), 구아닌(G)입니다. 이 염기 자체가 유전 정보의 암호예요. 정리하면 뉴클레오티드 덩어리는 'CTTGCAAG……' 이런 식으로 암호 같은 염기들이 죽 이어져 있는 거예요. 당, 인산의 뼈대와 그 안쪽에서 암호 역할을 하는 네 종류 염기의 집합이 DNA인 거예요.
과만	저는 바보 멍충이인가 봐요. 무슨 말인지 모르겠어요. 아하하! 안녕, 넌 송충이구나. 난 멍충이야.
왓슨	과만 님 진정, 진정하세요. 괜찮아요. 처음 보면 이해가 안 되는 게 당연합니다. 지금 당장 이해가 안 돼도 괜찮아요. 여러 번 듣다 보면 익숙해지고 차츰 알아 가게 됩니다. 조금씩 알게 되면 다음에 듣는 말들은 더 잘 이해됩니다.
과만	죄송합니다. 잠깐 멘붕이 와서…….
왓슨	혹시 유전자의 편집 기술을 소재로 한 영화 〈가타카〉라고 들어 보셨나요? 대략 25년 전에 나온 영화긴 한데…….
과만	아니, 25년 전이면 스마트폰도 없이 돌도끼 같은 거 들고 다니던 시대 아니었나요? 유전자 편집을 다룬 영화가 나왔다니 놀랍군요!
왓슨	저기, 구석기 시대는 아니라고요! 아무튼 이 영화의 제목을 보면 참 재밌습니다. 가타카(GATTACA)는 A, T, C, G

문자만으로 만든 말이거든요.

과만   오, 그렇군요! 제목에 무슨 뜻이 숨어 있나 했는데, 염기의
       이름을 조합해 만든 낱말이었군요. 유전 암호라고 할 수 있는
       A, T, C, G는 인간 DNA에 얼마나 있나요?

왓슨   약 30억 개입니다. 정확하게는 인간의 유전 정보가 담긴
       뉴클레오티드 수가 30억 쌍입니다. 하지만 당, 인산에는 유전
       정보가 없고, 염기가 유전 정보를 담고 있으니 보통 A, T, C,
       G가 30억 쌍이라는 말로 쓰곤 하지요. 30억 개의 문자 같은
       것이 정보를 담고 있으니, 엄청난 정보량이죠? DNA는 모든
       세포 속에 다 들어 있을 정도로 작은데도 말입니다.

왓슨과 크릭,
깐부가 되다

과만   지금은 우리가 DNA를 잘 알고 있지만, 선생님이 연구할
       당시에는 참 막막했을 것 같아요. DNA의 비밀을 밝혀내기까지
       어려움이 많았나요?

왓슨   조금 전에 말씀드렸듯이, 제가 동료 크릭과 DNA를 연구하기로
       마음먹었을 때 생물학계는 DNA에 크게 주목하지 않았어요.
       세균학자 오즈월드 에이버리가 박테리아의 유전 형질이
       DNA를 통해 다른 박테리아로 전달될 수 있다고 밝혔지만,

많은 학자들은 DNA가 아닌 단백질이 유전에 관여할 거라 생각했어요. DNA는 그저 세포핵 속에 별 특색 없이 가만히 있는 긴 분자처럼 보였거든요. 반대로 단백질은 종류도 많고 저마다 독특한 특징을 지니고 있어서, 복잡한 생물의 신체 기관을 만들 유전 물질로 더 적합해 보였던 거예요.

과만 현미경으로 관찰해 DNA의 형태를 알 수는 없었나요?

왓슨 당시의 현미경으로는 불가능했습니다. 엑스선을 활용해 그 구조를 어렴풋하게 볼 수 있었는데, 그러려면 뛰어난 기술을 가진 학자가 엑스선 장비로 오랜 시간 반복해서 실험해야 했어요. 또 촬영된 엑스선 사진을 해석하는 기술도 있어야 했고요. 크릭은 엑스선 사진을 해석하는 능력이 뛰어났지만, 우리는 DNA의 엑스선 사진을 구할 수가 없었어요.

과만 눈에 보이지 않는 구조를 추론한다는 것 자체가 참 막막한 작업이란 생각이 드네요. 아, 엑스선이 궁금한 분들이 있을 것 같은데, 엑스선에 대해서는 다음에 초대하는 마리 퀴리 님과의 인터뷰에서 다룰 예정이니 채널 고정 부탁드려요. 크릭과는 공동 연구를 했는데, 어떻게 함께하게 되었나요?

왓슨 캐번디시 연구소에서 만났어요. 크릭은 웃음소리가 호탕하고 아주 수다스러운 성격이었는데, 처음 만났을 때부터 저와 매우 잘 통한다는 걸 느꼈죠. 우리는 만나기만 하면 몇 시간씩 DNA에 대해 이야기를 나눴어요. 당시 단백질 연구가 인기

있을 때라 우리의 DNA 연구는 별 주목을 받지도, 제대로
된 연구 지원을 받지도 못했지만, 우리는 이 DNA가 생명의
비밀을 쥔 열쇠임을 확신하고 공동 연구를 시작했어요.

DNA의 비밀을
밝히는 여정

과만　공동 연구는 순조롭게 진행되었나요?

왓슨　글쎄요. 어쨌든 제 인생에서 가장 파란만장한 시간들이었죠.
당시 DNA가 당, 인산, 염기라는 세 종류의 분자로 이뤄졌다는
사실은 이미 밝혀져 있었어요. 다만 수없이 많은 당, 인산,
염기가 어떤 형태로 붙어 있는지를 어떻게 밝히느냐가
과제였죠. 저와 크릭은 당과 인산이 뼈대를 이룰 것이란
생각에 동의했어요. 문제는 이 뼈대가 몇 개일지에 있었어요.
2개에서 4개 사이였는데 최종 판단이 쉽지 않았거든요. 또 이
뼈대에 달릴 염기가 어디에 위치할지도 예측이 힘들었어요.
네 종류의 염기를 정확한 위치에 규칙적인 모습으로 배열할
묘안이 떠오르지 않았죠. 우리는 선명하게 촬영된 DNA의
엑스선 사진이 절실했어요.

그때 그리 멀지 않은 킹스대학의 윌킨스 실험실에서 DNA의
엑스선 사진을 다루고 있었어요. 윌킨스는 DNA의 중요성을

알고 일찍부터 이 연구에 뛰어든 뛰어난 학자였지요. 그리고 그의 실험실에 소속된 프랭클린은 엑스선으로 물질의 구조를 밝혀내는 데 독보적인 기술을 갖춘 학자였습니다. 저는 그 팀과 공동 연구를 바랐어요. 그러나 프랭클린은 크릭과 제가 마음에 들지 않았는지 냉랭하게 대했어요. 지금 생각해 보니, 그녀가 봤을 때 우리는 실험도 안 하고 펜대만 굴리는 철부지로 보였을 수도 있겠다는 생각이 들어요. 그녀는 정말 심혈을 기울여 DNA의 구조를 밝히는 실험을 하고 있었거든요. 결국 공동 연구 계획은 무산되었지만, 윌킨스는 제게 DNA의 엑스선 사진을 살짝 보여 주었어요. 그 사진은 DNA 구조를 추론하는 데 큰 도움이 되었어요.

우리는 DNA 모형을 수없이 조립하고 해체하면서 한 가지 답을 얻었어요. 3개의 뼈대를 중심으로 하고, 염기가 밖으로 향한 나선 모양이었죠. 염기가 뼈대 밖으로 향하면, 염기 간의 결합 규칙을 세우지 않아도 돼서 편했어요. 엑스선 사진에 나타난 형태와 비슷했고, 화학적으로 무리가 없는 것 같아 DNA의 비밀을 풀었다며 크릭과 저는 감격에 젖었지요. 주변 사람에게 알리고 축하를 받았지만, 우리의 축배는 단 하루 만에 끝났어요. 연락을 받고 온 프랭클린은 우리가 만든 모형에 화학적 문제점이 많다고 지적했어요. 그리고 그녀는 DNA의 뼈대는 밖이지, 안이 될 수 없다고 확신에 찬 어조로 말했어요. 윌킨스 또한 우리 모형의 문제점을 언급했고요.

과만 삼중 나선 모형은 샤가프의 법칙을 설명하기 어려워
보이는데요.

왓슨 아니, 샤가프의 법칙을 아시다니! 아까 그 '바보 멍충이'와 같은
사람 맞나요? 배경지식이 엄청 풍부하신데요?
맞아요. 샤가프는 DNA의 A와 T 분자의 비율이 같고, C와 G
분자의 비율이 같다는 규칙을 발견했습니다.

과만 엇, 혹시 아까 알파벳 순서대로 ACGT라 하지 않고, ATCG로
말씀하신 것은 이 샤가프의 법칙을 염두에 두신 건가요?

왓슨 네, 처음부터 ATCG로 기억하는 것이 헷갈리지 않을 것 같아
그렇게 말했습니다. 저희가 모형을 발표했을 때는 샤가프가
법칙을 발표하기 6개월 전쯤이라 이 법칙을 고려할 수 없긴
했어요. 그러나 어쨌든 우리의 삼중 나선 모형은 한계가
있었어요. 샤가프가 발견한 현상이 왜 나타나는지도 설득력
있게 보여 주지 못했고요. 그렇게 실패를 맛본 후로 낙심이
커서 DNA 연구에 대한 열정까지 잃어버렸어요.

삼중 나선에서
이중 나선으로

과만 다시 열정적으로 연구에 매진했기에 그 비밀을 밝혔을 것

같은데, 계기가 있었나요?

왓슨 과학이든 예술이든 최초의 창시자가 누구인가가 매우
중요하잖아요? 그래서 학자들은 치열한 선의의 경쟁을
펼칩니다. 우리에게는 폴링이라는 무시무시한 경쟁자가
있었어요. 이미 노벨상까지 받은 미국의 천재 화학자인데,
그가 DNA의 구조 연구에 착수했다는 소식을 듣게 되었어요.
우리는 조급해졌죠. 그 사람이라면 DNA의 비밀을 해결하는
건 가능하냐의 문제가 아니라, 시간이 얼마나 걸리냐의 문제일
테니까요. 우리에게 주어진 시간이 얼마 없다는 생각이 들자
크릭과 저는 더욱 연구에 매진했어요. 비밀을 밝힐 준비를
차근차근 한 거죠. 우리는 만나면 새로 얻은 정보와 가능성에
대해 몇 시간씩 얘기했고, 그렇게 얻은 새 DNA 금속 모형을
제작에 맡겼어요. 나선의 각도를 수학으로 계산하고, 염기의
화학적 결합 구조를 탐구했어요.
그 과정에서 DNA가 삼중 나선이 아니라 이중 나선일 수
있겠다는 생각에 이르렀어요. 그리고 그 생각은 점점 확신으로
바뀌어 갔어요.
한창 이중 나선 모형을 연구하고 있을 때 폴링이 DNA의
비밀을 해결했다는 소식이 들렸어요. 우리는 낙담했죠. 목표
지점에 거의 다 왔는데, 간발의 차로 안타깝게 져 버린 경기
같았거든요. 그런데 폴링이 제시한 모형은 뼈대가 안에 있는

삼중 나선 모형이었어요. 우리가 실패한 바로 그 모형이었죠.
천재 화학자도 우리와 비슷한 실수를 한 거죠. 우리에게
마지막 기회가 왔다고 느꼈어요.

우리는 이중 나선 모형이 성립할 수 있는지부터 꼼꼼히
검토했어요. 그리고 뼈대가 사다리 몸체처럼 밖에서 평행선을
이루고, 염기가 사다리의 계단 같은 형태로 뼈대 안쪽에서
결합한다면 아주 아름다운 모습을 띤다는 걸 깨달았습니다.
A는 T와만 결합하고, C는 G와만 결합해 사다리의 계단을
만든다면, 샤가프의 법칙도 만족하고요. A와 T, C와 G가 서로
짝을 이루니, A와 T의 비율이 같고 C와 G의 비율이 같을
수밖에 없지요. 이렇게 A-T, C-G가 짝을 이루는 이중 나선은
유전자의 복제와 관련이 있다고 생각했어요. 그래서 DNA
구조를 발표하는 논문에 "우리가 추정한 이 특이한 염기쌍은
곧바로 유전 물질의 복제 메커니즘을 시사하고 있음을 우리는
잘 인식하고 있다"라고 썼어요.

그릇은 비어 있기에
그 쓸모가 있다

과만   과학 연구가 아니라 스포츠 경기를 보는 것 같아요.
        논문 발표에 앞서, 선생님께 자료를 공유했던 윌킨스와

환상의 팀플레이가 DNA 구조를 밝혀낸 비결이에요   제임스 왓슨

프랭클린은 불만이 있을 수도 있겠는데요.

왓슨 저도 그 점이 마음에 걸렸습니다. 그분들의 엑스선 사진과 실험으로 얻은 데이터가 없었다면 이 비밀을 밝히기는 어려웠을 테니까요. 다행히 그들은 우리를 축하해 주었습니다. 처음에 우리를 차갑게 대했던 프랭클린도 우리의 주장을 경청하며, 결론에 문제가 없음을 확인해 주었고요. 폴링도 학회에 참석하는 길에 연구소에 들러 우리가 만든 모형을 보았는데, 모형과 실험 데이터, 엑스선 사진을 보더니 우리의 주장이 타당하다고 깨끗이 인정했지요.

과만 최선을 다해 선의의 경쟁을 펼치면서 증거가 부족하면 비판하고, 증거가 충분하면 수긍하고 인정하는 과학자의 태도가 멋있다는 생각이 듭니다.

선생님이 DNA가 이중 나선 구조임을 밝히셨기에 오늘날 생명공학이 발전할 수 있었어요. 그 위대한 발견 덕분에 수많은 병의 원인을 알아내고 치료법을 찾을 수 있었으니까요. 감사드립니다.

그런데 한 가지 궁금한 점이 있습니다. DNA의 이중 나선 구조는 DNA의 기능과도 연관성이 있나요?

왓슨 아까 인터뷰 시간을 기다리며 노자의 《도덕경》을 읽었어요. 동양의 철학자 노자는 "그릇은 비어 있음으로써 그릇의 쓸모가 있다"라는 말을 하더군요. 비어 있음의 가치를 강조하는 문장이지만, 저는 다른 부분이 눈에 들어왔어요. 그릇의 쓰임은 비어 있는 모양에서 나온다는 점이요. 즉, 형태가 기능을 결정한다는 말이지요. DNA의 형태와 기능이 밀접한 연관성을 가지는 것은 어찌 보면 당연해요. A와 T, C와 G가 짝을 이루기에, 하나가 있으면 다른 것을 만들어 낼 수 있거든요. ▽모양의 틀이 있으면 △모양을 손쉽게 만들 수 있는 것처럼요. 사다리 모양처럼 염기가 짝을 이루는 이중 나선은 자기 복제가 손쉽게 이뤄질 수 있는 구조였어요. 그리고 유전 정보를 담고 있는 A, T, C, G는 사다리의 안쪽에 있어 뼈대로부터 보호를 받게 됩니다. 중요한 정보를 지키는 거죠. 이처럼 구조를 통해 기능을 알 수 있어요.

과만 그 형태도 기능도 놀랍군요! 두 축이 휘어지며 나선을 이루는 모습이 참 아름답다는 생각이 듭니다. 자연의 경이로움을 보여 주는 것 같습니다. 어느새 질의응답 시간이네요.

Q&A
: 그것에 답해 드림

왓슨더 매러 선생님 이름으로 검색을 하면 '왓슨과 크릭이 DNA의 구조를 밝혔다'처럼 항상 선생님 이름이 앞에 오고, 크릭 님이 뒤에

　　　　　　환상의 팀플레이가 DNA 구조를 밝혀낸 비결이에요　제임스 왓슨

옵니다. 선생님의 업적이 더 뛰어나기 때문인가요?

왓슨   아니요. 객관적으로 보면 오히려 크릭의 역할이 더 컸어요.
제가 여러 분야의 과학자들을 두루 만나 자료와 조언을 얻고,
이중 나선이라는 결정적인 착안을 한 건 맞아요. 하지만
자료를 수학적으로 계산하고 모형을 이론적으로 뒷받침하는
것은 크릭이 주로 담당했어요. 매우 중요한 역할이었고 그가
아니면 해 내기 힘든 일이었죠. 사실 나이도 제가 더 어리고,
이름 첫 글자의 알파벳 순서도 제가 더 뒤인데 제 이름이 앞에
온 이유는 운이 좋아서예요. 동전 던지기로 누구 이름이 앞에
올지 정했는데, 제가 이겼거든요! 그래서 크릭-왓슨 모형이
아니라 왓슨-크릭 모형이라는 이름이 붙었죠. 그런데 우리
둘의 이름 첫 글자만 따서 WC 모형, 화장실 모형이라고 부르는
사람들이 있는데, 잡히면 가만 안 둡니다!
크릭을 만난 건 정말 큰 행운이었어요. 크릭도 그렇게
생각하겠죠? 크릭의 마음을 물어보고 싶군요. 우리는
함께했기에 위대한 발견을 할 수 있었어요.
프랭클린, 폴링 모두 독보적인 과학자예요. '독보'는 한자로
獨步인데, 각 글자의 뜻과 소리는 '홀로 독', '걷다 보'입니다.
독보적인 능력을 지닌 그들은 홀로 걷는 방식을 택했습니다.
우리는 부족한 점이 많았지만 팀플레이로 서로의 단점을
보완하고 장점을 극대화했어요. 저는 이것이 우리의 큰 성공

요인이라고 생각해요. 구독자 여러분도 협동의 중요성을 다시
생각해 보시기 바랍니다.

제임스 차이슨 DNA의 구조를 밝힌 업적으로 노벨상을 공동 수상한 것으로
들었습니다. 크릭 씨와 둘이서 받았나요?

왓슨 저와 크릭, 그리고 윌킨스까지 세 명이 공동으로 받았습니다.
DNA의 구조를 밝힌 공로로 1962년에 노벨 생리의학상을
받았지요. 프랭클린이 함께 수상하지 못한 게 참 안타까워요.
프랭클린은 1958년 37세라는 젊은 나이에 난소암으로
세상을 떠났습니다. 그녀는 엑스선을 이용해 DNA의 실체에
매우 가까이 접근했고, 크릭과 저의 모형에 결정적인 증거를
주었어요. 그런데 슬프게도 너무 빨리 우리 곁을 떠났어요.
노벨상은 살아 있는 사람에게만 주는 상이라 그녀는 수상
대상이 되지 못했죠. DNA의 이중 나선 구조를 밝히는 데 큰
기여를 했으나, 그 공로에 걸맞은 명성과 보상을 얻지 못한 것
같아 너무 안타깝습니다. 저와 크릭 말고 프랭클린의 이름도
많은 사람이 알면 좋겠습니다. 여성에겐 좀 더 가혹했던
시대였는데도 굴하지 않고 열정적으로 연구에 매진했던
그녀의 이름을 꼭 기억해 주세요.

환상의 팀플레이가 DNA 구조를 밝혀낸 비결이에요   제임스 왓슨

경이로운
DNA의 세계

DNA는 디옥시리보핵산(Deoxyribo Nucleic Acid)의 약자야. 디옥시리보오스(Deoxyribose)라는 당으로 된 세포핵(Nucleic) 속의 산성(Acid) 물질이라, DNA라고 이름 붙인 거야. 복잡하지?

DNA는 생명체의 유전 정보를 담고 있는 화학 물질이야. DNA는 몸의 특정한 곳에 있는 것이 아니라 세포 안에는 다 있어. 세포에는 세포핵이 있고 그 안에 DNA가 얌전히 들어 있어. 우리 몸의 세포 하나하나에는 다 DNA가 있는데, 몸을 이루고 있는 세포가 가진 DNA는 모두 같아. 다시 말하면 뼈와 머리카락, 입술, 간, 피부는 모두 형태와 성질이 다른 세포지만, 그들이 품고 있는 DNA는 모두 같다는 말이야. DNA가 같은데 세포들은 왜 그렇게 다르게 생겼냐고? 그건 자신의 역할에 적절한 DNA 부위만 활성화되기 때문이야. 뼈 세포는 뼈에 해당되는 DNA 부위가, 머리카락 세포는 머리카락에 배당된 DNA 부위만 스위치가 켜지고, 나머지 스위치는 꺼진 상태인 거야.

이중 나선 구조의 DNA

인간의 DNA는 약 30억 쌍의 암호가 끈처럼 이어져 있어. 2개의 끈이 나선으로 꼬여 있어서 이중 나선 구조라고 해. 나선 (螺線)의 '나'는 '소라'라는 뜻이야. 소라 껍데기를 보면 빙글빙글 동그랗게 계속 꼬여 있잖아. 그런 소라처럼 꼬여 있는 2개의 선이라는 의미야.

세포 하나에 들어 있는 DNA 길이는 약 2미터야. 그 작은 세포핵 속의 DNA인데 2미터라니 놀랍지 않니? 실뭉치처럼 촘촘하게 뭉쳐 있기 때문에 가능해. 적혈구를 제외한 인간의 세포 속에는 세포핵이 있으니, 한 사람의 몸에 있는 DNA를 모두 모으면 어마어마하겠지? 한 사람의 DNA를 일렬로 죽 세우면 대략 지구에서 달까지 1만 2,000번은 왕복할 수 있을 정도래. 우리 인체가 얼마나 놀라운지, 생명이란 얼마나 경이로운지 실감이 나는 수치야.

　DNA는 유전 정보를 담고 있어. 이중 나선 구조에서 사다리의 계단에 해당하는 약 30억 쌍의 염기가 유전 암호야. 즉, A, T, C, G 문자 30억 쌍이 이어져 있는 셈이지. 만약 30억 개의 알파벳을 책으로 쓰면 대략 500쪽 분량의 책이 4,000권 정도가 나온대. 한 사람의 DNA는 그만큼 많은 문자를 담고 있어. 4개의 문자를 일렬로 배치해 정보를 담는 방식이 뭔가 컴퓨터와 비슷하지? 컴퓨터는 0과 1만을 사용해 정보를 담잖아. 컴퓨터는 2진수를 쓰는 디지털 방식이고, DNA는 4진수를 쓰는 디지털 방식인 셈이야. 컴퓨터가 0과 1만으로 어마어마한 정보를 처리하듯이, DNA 또한 4개의 문자로 엄청난 정보를 담는 거지.

　인간의 DNA는 99퍼센트 이상 서로 일치해. 우리는 피부색, 머리 모양, 키, 체형 등을 보며 흑인종, 백인종, 황인종으로 나누지만, 그렇게 나눌 수 없을 만큼 우리는 많이 닮았어. 그러니 나와 다른 집단에 속한 이들을 나와 본질적으로 다른 사람으로 보고 혐오하는 태도는 정말 조심해야겠지? 우리와 많이 닮은 친척들에게 증오의 말을 내뱉는 것과 같으니깐 말이야. 그리고 인간은 동물과도 DNA가 비슷해. 침팬지는 약 98퍼센트 정도 일치한다고 해. 이것은 다윈이 생명의 나무 모형에서 모든 생물이 우리 인간의 친척이라고 한 주장의 강력한 근거야.

우리는 이중 나선이라는 경이로운 구조로 엄청나게 긴 DNA를 가진 위대한 생명체야. 나와 똑같은 DNA를 가진 사람은 없어. 그렇기에 내가 남자든 여자든, 공부를 잘하든 못하든, 재산이 많든 적든 나는 우주에서 단 하나뿐인 존재야. 그런데 이 세상엔 나와 닮은 사람들이 가득하고, 그들 역시 나처럼 우주에서 유일하고 경이로운 생명체인 거야. 동물 또한 각자 우주에서 유일한 DNA를 가진 존재이며 고통을 느낄 수 있는 생명이야. 그리고 이런 인간과 동물을 먹여 살리는 것이 식물이지. 식물도 모두 DNA를 가지고 있으며, DNA가 복제되고 발현되는 방식은 동물과 같아. 이 점에서 식물 또한 동물의 아주 오래된 초창기의 친척으로 볼 수도 있을 거야.

모든 생명이 서로의 존재로 따스함을 느낄 수 있는 세상이 되면 좋겠어. 생명이 DNA 시스템을 가지고 있다는 것과 다른 종인데도 서로 유사한 DNA 서열을 가졌다는 사실은 우리 모두가 이 행성에서 긴 시간을 함께한 사이라는 증거니까!

마리 퀴리

"제가 발견한 폴로늄과 라듐에 희망의 빛을 담았어요"

1867년 ~ 1934년

폴란드 출신의 프랑스 물리학자이자 화학자. 본명은 마리아 스크워도 프스카. 방사성 원소인 폴로늄과 라듐을 최초로 발견해 노벨 물리학상과 노벨 화학상을 수상했다. 성차별이 심한 시기였는데도 2개의 노벨상을 받는 커다란 업적을 남겼다. 제1차 세계대전에서 엑스선 사진을 찍을 수 있는 자동차로 전쟁 현장을 누비며 부상병을 치료하는 데 큰 도움을 주었다.

퀴즈를 하나 낼게요. 노벨상을 받은 첫 여성입니다. 최초로
2개 부문에서 노벨상을 탔죠. 또 알려지지 않은 새 원소를 2개
발견했습니다. 퀴륨은 이분을 기리기 위해 이름 붙인 원소입니다.
이 사람은 누구일까요?

네, 바로 마리 퀴리입니다. 대단하신 분을 이 자리에 모시고 인터뷰를
진행해 보겠습니다.

퀴리   초대해 주셔서 감사합니다. 마리 퀴리입니다.

과만   우리나라에서는 퀴리 부인으로 유명합니다. 그런데 퀴리가
       이름이 아니라 성이죠?

퀴리   네, 남편이 피에르 퀴리거든요. 남편의 성을 따른 거예요.
       이름은 마리입니다. 제 딸이 제 전기를 쓸 때 제목을 '퀴리
       부인'으로 지었거든요. 그래서 퀴리 부인이 이름처럼 널리
       알려졌어요.

과만   첫 인터뷰로 모신 다윈 님도 다윈이 성이고 찰스가
       이름이었어요. 우리나라에서는 대부분 다윈을 이름으로
       알고 있지만요. 유럽에선 성을 이름처럼 많이 써서 그런
       것 같습니다. 퀴리 님의 성은 이미 이름처럼 유명해졌으니
       지금처럼 퀴리 님으로 불러도 될까요?

퀴리   네, 마리도 퀴리도 다 좋아요. 퀴리에서는 제가 사랑한 남편도
       느껴지거든요.

XX 염색체의
과학자

과만   이번 특집 인터뷰에서 유일한 여성분이십니다.

퀴리   인류의 긴 역사 속에서 남녀가 법적으로라도 동등해진 건
       얼마 되지 않았어요. 제가 살던 시대에서는 여성이 교육의
       기회를 얻기가 무척 힘들었어요. 객관적 진리를 추구한다는
       과학계에서조차 여성 과학자는 업적을 인정받기도, 일자리를
       얻기도 좀처럼 쉽지 않았으니까요.

과만   1920년이 되어서야 미국에 여성 투표권이 보장되었다는
       사실이 참 놀라웠어요. 불과 100여 년밖에 안 되었잖아요.

퀴리   심지어 민주주의가 무척 성숙한 나라로 평가받는
       스위스에서도 여성 참정권이 보장된 때가 1971년이에요.

지금은 어떤 시민이든 소중한 한 표를 행사하는 것이
당연해요. 하지만 타임머신을 타고 약간만 과거로 가도 당연한
것이 늘 당연한 게 아니라는 것을 알게 됩니다.

과만 이해가 안 되네요. 태어날 때 물려받은 성염색체가 XX냐
XY냐에 따라 차별을 한다는 게 좀 우습기도 하고요. 여성
과학자로서 어려움이 많았겠어요.

퀴리 눈에 보이는 차별도 겪고, 눈에 보이지 않는 벽에 부딪히기도
했지요. 하지만 어떤 어려움에도 비굴해지거나 좌절하지 않고
제가 할 수 있는 일을 하나씩 해 나갔어요.

배움의 길에
들어서기까지

과만 선생님의 어린 시절이 궁금합니다.

퀴리 부모님은 두 분 다 훌륭한 교육자셨어요. 집안은 가난했어도
저는 부모님의 보살핌 속에서 따뜻함을 느끼며 자랐어요.
제가 태어나고 자란 조국 폴란드는 러시아의 식민 지배를 받고
있었어요. 일제의 식민 지배를 받았던 한국인들은 같은 상황을
겪었기에 공감이 될 것 같아요.
러시아는 폴란드어와 폴란드 역사 교육을 금지했는데,
선생님이셨던 아버지는 한 학생이 폴란드어로 쓴 시험의 답을

정답으로 처리했다는 이유로 교사직을 박탈당했어요. 집안 형편은 더 어려워졌죠.

과만 일제도 조선어 말살 정책을 썼어요. 모국어를 쓰지 못하게 한 게 똑같네요.

퀴리 네, 저항 정신을 없애려 한 거죠. 그 후 가정의 불행은 꼬리를 물듯이 계속되었어요. 가세가 기울자 아버지는 학생들을 집으로 불러 가르쳤어요. 그 학생들 중 한 명이 장티푸스에 걸렸는데 첫째 언니에게 옮는 바람에 언니가 장티푸스로 죽었어요. 그리고 제가 열 살 때 어머니마저 결핵으로 돌아가셨……. 죄송합니다.

과만 휴지 여기 있습니다. 잠시 쉬었다 말씀하셔도 됩니다.

퀴리 감사합니다. 저는 공부가 재미있어서 학업을 계속하고 싶었어요. 그런데 당시 바르샤바대학교는 여학생을 받지 않았어요. 여성의 입학을 허용하는 프랑스로 가야 했는데, 저희 집 형편으로는 유학비를 감당할 수가 없었지요. 그래서 둘째 언니가 먼저 프랑스로 가서 거기에 자리를 잡는 동안, 저는 가정 교사를 하며 유학 자금을 모았어요. 몇 년 후 파리에서 자리를 잡은 언니는 저를 불렀고, 학비를 지원해 주어 저는 학업을 이어 갈 수 있었습니다. 그때가 제 나이 스물세 살이었어요.

사랑하는 조국,
폴란드

과만　다행이네요. 선생님의 10대 시절은 어땠나요? 구체적인
　　　에피소드가 있으면 들려주세요.

퀴리　글쎄요. 잊히지 않는 순간이 있기는 해요. 당시 러시아는
　　　폴란드어와 폴란드 역사 교육을 금하고, 러시아어와 러시아
　　　역사만 배우게 했어요. 어느 날 러시아 장학사가 학교에
　　　왔는데, 저에게 러시아의 위인과 통치자에 대해 물었죠.
　　　저는 러시아어로 유창하게 답했고 그는 만족스러운 얼굴로
　　　돌아갔어요. 그가 떠난 후 저는 치욕, 분노, 서글픔 같은 복잡한
　　　감정에 휩싸여 담임 선생님을 안고는 한참을 울었어요.

과만　작고 여린 개인의 존엄을 짓이기는 가혹한 현실이네요.

퀴리　훗날 방사성 원소를 연구하면서 그 전까지 알려지지 않은
　　　새 원소를 발견했어요. 사랑하는 조국 폴란드의 이름을 따서
　　　폴로늄이라고 이름 지었죠. 그 당시 폴란드는 여전히 러시아의
　　　식민 지배를 받는 힘겨운 상황이었기에, 폴란드 국민들에게
　　　희망과 긍지를 주고 싶었거든요. 원소 주기율표에서 원자
　　　번호 84인 폴로늄을 볼 때, 자유를 향한 희망을 잃지 않은 나라
　　　폴란드를 떠올려 주시면 감사하겠습니다.

제가 발견한 폴로늄과 라듐에 희망의 빛을 담았어요　**마리 퀴리**

물고 더블로!
두 번의 노벨상

과만 노벨상을 두 번이나 받았다는 사실이 놀랍기만 합니다. 무엇을
연구하셨나요?

퀴리 대학에 들어간 후로는 먹고 자는 시간 외에 거의 모든 시간을
공부하는 데 썼어요. 먹고 자는 시간까지 줄였었죠. 공부가
재미있기도 했고, 정말 어렵게 얻은 기회였기에 최선을
다했어요. 물리학과 수학으로 석사 학위를 받았어요. 그즈음
저의 스승이기도 한 베크렐이 우라늄이 엑스선과 매우 비슷한
빛을 스스로 내뿜는 것을 발견했어요. 방사선이었지요. 아직
이 광선에 대한 연구가 충분하지 않을 때였어요. 아, 참고로
방사선은 제가 연구하면서 붙인 이름이에요.

과만 엑스선은 엑스레이에 사용하는 그 엑스선이 맞나요? 방사선에
대해서도 간략히 설명해 주시면 좋을 것 같아요.

퀴리 네, 엑스선을 활용해 물체 내부의 사진을 찍기 때문에
엑스레이(X-ray)라고 부르지요. 불안정한 상태의 원자는
특정한 고속의 입자나 빛을 방출하면서 안정적인 상태로
바뀌려는 성질이 있어요. 이때 나오는 고속의 입자나 빛이
바로 방사선입니다. 방사선은 보통 '인체에 해를 끼칠 힘이
있는 강력한 광선'이라는 의미로 사용해요. 그리고 방사선을

자연적으로 내보내는 물질을 방사성 물질이라 합니다.

방사능은 방사성 물질이 가지고 있는 에너지의 양을 말해요.

'방'사선을 내보낼 수 있는 '능'력 또는 성질이라는 뜻으로

'방사능'이라고 부르는 거죠.

저는 우라늄이 광선을 방출하는 현상에 호기심을 느껴 이를

더 연구하기로 마음먹었어요. 우라늄처럼 스스로 빛을 내뿜는

다른 원소가 없는지 찾으려 했지만, 좀처럼 찾을 수 없었어요.

그래도 포기하지 않고 실험을 계속했어요.

'피치블렌드'라는 우라늄이 조금 들어 있는 무거운 검은색

돌로 실험을 했는데, 이상한 점을 발견했어요. 피치블렌드에서

나온 방사선은 순수한 우라늄에서 나온 방사선보다 훨씬

강력했거든요. 이게 왜 이상한 거냐는 표정이시군요.

피치블렌드에는 적은 양의 우라늄이 들어 있기 때문에

피치블렌드의 방사선이 훨씬 약해야 하잖아요. 이는

피치블렌드에 우라늄 외의 다른 강력한 방사성 물질이 있다는

것을 의미했어요. 결국 남편의 지원을 받아 계속 실험한 끝에

더 강력한 방사선을 내는 원소를 발견했어요. 아까 말했던

폴로늄이에요. 폴로늄을 발견한 공로로 노벨 물리학상을

받았답니다. 여성으로서는 최초로 수상한 노벨상이어서 더

뜻깊었어요.

과만　축하드립니다. 그런데 수상 과정에서 우여곡절이

　　　　　제가 발견한 폴로늄과 라듐에 희망의 빛을 담았어요　마리 퀴리

있었다면서요?

퀴리 네, 프랑스 과학 아카데미는 남편 피에르와 베크렐의 이름만
노벨상 위원회에 보냈어요. 제가 과학 아카데미 회원이
아니라는 이유로요. 당시 과학 아카데미는 여성 회원을 받지
않았거든요. 한마디로 제가 여자니까 노벨상을 주지 않으려
한 거죠. 다행히 이 사실을 알게 된 남편이 노벨상 위원회에
탄원서를 올린 끝에 저도 공동 수상자가 되었습니다.

과만 큰 업적을 남겼음에도 단지 여성이라는 이유로 상을 주지
않으려 했다니 참 치졸하네요. 두 번째 노벨상은 어떤
업적으로 받았나요?

퀴리 피치블렌드에서 우라늄과 폴로늄 같은 방사성 원소를
추출했는데도, 여전히 방사능 수치가 높다는 점에 주목했어요.
아직 발견되지 않은, 방사능이 매우 큰 원소가 더 있다는
신호였으니까요. 그렇게 발견한 새 원소는 어두운 곳에서
푸른 빛을 내뿜었기에, 이름을 '라듐'으로 지었어요. '빛을
발산하다'라는 뜻의 라틴어가 Radius였거든요.
연구를 계속 진행하기 위해서, 또 새 원소의 존재를
반신반의하는 학계에 보여 주기 위해서는 라듐이 더
필요했어요. 거의 매일 20킬로그램의 피치블렌드를 곤죽처럼
녹이고, 쇠막대로 저으면서 3년이 넘는 시간을 보냈어요.
그 결과 10톤가량의 피치블렌드에서 약 0.1그램의 라듐을

추출하는 데 성공했답니다. 무척 적은 양 같지만, 라듐의
방사능은 질량이 같은 우라늄의 300만 배 정도이기에 결코
적은 양이 아니에요. 그 공로로 노벨 화학상을 받았어요.

과만 2개의 노벨상을 받은 경우는 선생님이 최초더군요. 다시 한번
축하드립니다. 남편분도 노벨상을 받았으니 가족이 노벨상을
3개나 받은 거네요.

퀴리 딸과 사위도 노벨상을 받았답니다. 첫째 딸 이렌과 그녀의
남편 프레데리크도 인공 방사성 원소 연구로 함께 노벨
화학상을 탔어요. 둘째 딸 이브의 남편 헨리 라부아스
주니어는 유니세프 활동으로 노벨 평화상을 받았고요.
가족 중 이브 혼자만 노벨상을 못 받았지요. 그래서 이브는
"나만 노벨상을 못 받을까 봐 일부러 과학 안 하는 남편이랑
결혼했더니 기어이 노벨 평화상을 받아 왔다. 나만 집안의
수치가 되었다"며 농담하곤 했어요.

과만 한 집안에서 무려 6개의 노벨상을 받다니 정말 대단합니다.
둘째 따님 입장에선 좀 억울하겠는데요? '노벨상 받기가 가장
쉬웠어요'가 특징인 집안에서 태어나는 바람에 '왜 나는 그
흔한 노벨상 하나 못 받나' 같은 생각을 하셨다는 게 재밌기도
하고 귀엽기도 하네요. 아, 저보다 한참 누님이시죠? 어쨌든
훌륭한 자제들을 두셨습니다.

퀴리 칭찬 감사합니다.

제가 발견한 폴로늄과 라듐에 희망의 빛을 담았어요 **마리 퀴리**

원자 속의 에너지

과만 그런데 방사성 물질은 어떻게 방사선을 내뿜는 건가요?
우라늄이나 라듐이 포함된 광석을 어두운 방에 두면 스스로
빛을 내잖아요. 열도 내고요. 하지만 철광석 자체에서
빛이나 열이 나진 않거든요. 방사성 물질은 어떻게 그것이
가능한가요?

퀴리 원자는 불안정한 상태에서 안정된 상태로 변하려 한다는
것이 기본 전제예요. 원자는 원자핵과 전자로 이루어져 있고,
원자핵은 양성자와 중성자로 이루어져 있어요. 양성자와
전자는 전기 현상을 일으키는 성질이 있는데, 그것을 전하라고
해요.

양성자는 양의 전하(+), 전자는 음의 전하(-)를 가지고
있답니다. 중성자는 전하가 없고요. 원소는 양성자와 전자의
수가 같기에 전기적으로 중성을 띠는 거예요. 마치 자석처럼
같은 전하끼리는 서로 밀어내고, 반대되는 전하끼리는 서로
끌어당깁니다. 그래서 양성자는 전자를 끌어당기고, 같은
양성자 간에는 서로 밀어냅니다. 전자는 전자끼리 반발하고요.
그럼 의문이 하나 들죠? 양성자들끼리 서로 밀어낸다는데,
어떻게 이 아이들은 작은 원자핵 안에 옹기종기 모여

있을까요?

그 이유는 중성자가 양성자 사이에 섞여 있으면서 안정시키는 역할을 하고, 또 원자핵 속에 양성자와 중성자를 붙어 있게 하는 강력한 힘이 작용하기 때문이에요.

그런데 우라늄, 폴로늄, 라듐은 원자 번호가 매우 높죠? 이렇게 양성자 개수가 너무 많으면 양성자끼리 밀어내는 힘도 무척 강해요. 그러면 좁은 원자핵 속에 계속 모여 있기가 힘듭니다. 즉, 원자가 불안정한 상태에 놓이죠. 불안정한 상태에서 더 안정한 상태로 바뀌려면 원자핵이 쪼개지든지, 일부 양성자가 튕겨 나가든지 해서 양성자 간의 반발력을 줄여야 합니다.

그래서 방사성 원소들은 원자핵이 변화를 일으켜 안정된 상태로 이동해요. 그 과정에서 엄청난 에너지가 나온답니다. 핵 발전소는 이런 원리를 활용해 대량의 전기를 만들어 내요. 모든 것을 날려 버릴 만한 위력을 지닌 핵폭탄도 마찬가지고요.

무시무시한
방사능 피폭

과만   작은 원자 안에 무시무시한 에너지가 숨어 있다는 것이
       신기하군요. 그런데 방사능을 마구 내뿜는 물질을 오래

연구하면 방사능에 많이 노출되는 거 아닌가요? 몸은
괜찮으셨나요?

퀴리 당시엔 방사능 연구를 막 시작하던 때라 얼마나 위험한지를
아무도 몰랐어요. 어두운 곳에서 빛나는 성질 때문에,
사람들은 오히려 라듐이 인체에 이로우며 노화를 늦춰 줄
신비의 물질인 양 믿었어요. 라듐을 넣은 제품이 유행했다면
믿으시겠어요?

침대, 페인트, 초콜릿, 생수에까지 라듐을 넣었어요. 결국
라듐이 포함된 제품을 이용한 수많은 사람들이 암에 걸렸죠.
저희 부부는 방사능에 이렇게 치명적인 위험성이 있을 줄은
몰랐어요. 몸에 이상을 느낀 사람들이 우리에게 사연을 보내자
남편은 그 위험성을 확인하고 싶어 했죠. 그래서 자신의 팔에
라듐 결정을 끈으로 묶어 고정했더니, 피부가 헐고 상처가
생겼어요. 라듐의 위험성을 직접 확인한 거죠. 저는 방사능
연구를 평생 했기에 건강이 나빠질 수밖에 없었어요. 악성
빈혈에 늘 시달렸고, 시력도 잃었어요. 결국 신체의 여러
기능이 망가져 죽음에 이르렀어요. 워낙 방사능에 많이
노출되었기에 당연한 결과였죠. 오히려 그것에 비해 오래
살았다고 봐야죠.

제가 쓴 논문이나 요리책 등 유품까지 방사능을 띠고 있었다고
하니 어느 정도인지 감이 오시나요? 제가 쓴 책을 보려면

보호 장비를 착용해야 할 정도예요. 라듐 연구로 인한 방사능 피폭도 적지 않았지만, 엑스선을 많이 쐐서 몸이 더 망가진 것 같아요.

전장을 누비는 리틀 퀴리

과만   엑스선을 쐴 일이 많았나요?

퀴리   제1차 세계대전이 일어났을 때였어요. 저는 어떻게든 프랑스를 돕고 싶었어요. 부상병 치료에 엑스선 촬영이 절실함을 알았죠. 치료 여건이 좋지 않으니 부상 상태를 제대로 확인하지 못하고, 원칙 없이 신체를 절단하는 일도 많았거든요.

엑스선은 피부와 근육은 잘 투과하지만, 뼈와 금속은 잘 투과하지 못해요. 그래서 몸에 박힌 총알과 파편을 찾아내는 데 큰 도움이 되었어요. 그런데 부상병들이 병원에 도착했을 때는 이미 치료하기에 늦은 경우가 많았어요. 그래서 트럭에 엑스선 장비를 설치해 전쟁터에서 이동하면서 진찰했어요. 돈이나 물품, 차량이 부족해서 지원을 호소했죠. 결국 이 같은 트럭을 스무 대 정도 만들고, 엑스선 촬영을 할 수 있도록 사람들을 교육했어요. 그중 한 대를 '리틀 퀴리'라고 불렀는데,

제가 발견한 폴로늄과 라듐에 희망의 빛을 담았어요   마리 퀴리

제가 직접 리틀 퀴리를 운전해서 전선을 누볐답니다.
이동식 엑스선 장비로 진찰한 부상병만 100만 명이 넘었어요.

과만 　100만 명이요? 와, 정말 놀랍네요!

퀴리 　가진 재산을 모두 국가에 기부하며 빈털터리가 되었지만
후회는 없어요. 열일곱 살인 제 딸 이렌도 이 일을 함께 했다는
게 무척 자랑스러워요. 아무래도 부상병을 진단하는 과정에서
엑스선에 너무 많이 노출되어 병을 얻은 게 아닌가 싶네요.

과만 　안타깝습니다. 라듐을 추출하는 법을 선생님 부부만 알고
있었으니 특허를 냈다면 백만장자가 되었을 것 같은데,
빈털터리가 되셨다고요?

퀴리 　우리 부부는 특허를 신청하지 않고 라듐에 대한 지식을 모두
공유했어요. 인류를 위해 써야 한다고 생각했거든요.

과만 　개인의 이득보다 나라와 인류를 위해 몸을 아끼지 않고
헌신하신 그 마음에 숙연해집니다. 귀한 시간 내어 인터뷰에
응해 주셔서 감사합니다. 질의응답 시간을 가지겠습니다.

Q&A
: 그것에 답해 드림

퀴리 부인 방사능에 노출되면 왜 위험한가요?

퀴리　아까 인터뷰에서 방사성 물질에서 방사선이 나온다고 했지요? 우리 몸에 해를 입힐 수 있는 방사선은 우리가 흔히 접하는 가시광선과 달라요. 가시광선이 우리 몸속까지 뚫고 들어오진 않잖아요. 그런데 방사선은 고속의 입자이고 투과력이 강한 광선이라 몸속까지 뚫고 들어옵니다. 방사선은 우리 몸을 투과하는 동안 세포를 구성하는 원자들의 전자를 떼어 내요. 즉, 세포가 큰 피해를 입는 거죠. 또 방사성 물질이 우리 몸속에 들어왔을 때도 문제가 됩니다. 우리 몸 안에서 방사선을 계속 내뿜고, 방사성 물질이 화학 작용을 일으켜 신체를 변형시키거나 파괴하거든요. 특히 DNA가 많이 손상되면 질병에 걸릴 위험이 커집니다.

물론 이는 방사능에 과도하게 노출되었을 때의 위험입니다. 사실 지금 제 몸속에도, 여기 우리가 숨 쉬는 공기 중에도, 밟고 있는 땅에도 방사성 물질은 다 있어요. 큰일 난 거 아니냐고요? 아주 적은 양이라서 괜찮습니다.

몸속에 방사성 물질이 들어와도, 적은 양이면 대부분 배출됩니다. 혹시 문제가 조금 생긴다 해도 세포의 자기 보호 시스템에 의해 다 회복이 되고요. 어떤 사고에 의해 대량의 방사능에 노출된 게 아니라면 크게 걱정 안 하셔도 된다는 말이지요. 심지어 바나나에도 방사능 물질이 있어요. 무섭다고요? 바나나의 방사능 때문에 죽음에 이르려면 바나나를 하루에 1만 톤 정도 먹어야 해요. 불로초를 먹어도 하루 1만 톤이면 죽어요. 방사능에 대한 안전 의식은 중요하지만, 과도한 불안은 좋지 않다는 뜻입니다.

마리 커리 제가 얼마 전에 〈체르노빌〉이란 미국 드라마를 봤는데요. 원전 사고가 일어났을 때, 방사능을 연구하는 학자가 방사능 피폭을 막고자 주변 사람에게 어떤 성분이 든 약을 권했거든요? 그런데 그 성분이 무엇인지는 드라마에서 알려 주지 않더라고요. 뭐였을까요?

퀴리 그 드라마는 안 봤지만 답은 짐작이 됩니다. 우라늄이 핵분열을 하면 방사능이 있는 세슘과 스트론튬이 많이 나와요. 얘네가 우리 몸에 들어오면 안에서 방사선을 뿜어내기에 무척 위험해요. 게임으로 비유하면 우리 본진에 들어온 적이 마음 놓고 공격하는 격이죠. 그러면 인체가 얘네들을 빨리 몸 밖으로 내보낼 방어 체제로 돌입해야 하는데, 그러지 않는다는 게 심각한 문제예요. 왜냐하면 우리 몸이 얘네들을 인체에 필요한 성분인 칼륨(포타슘)이나 칼슘으로 착각하기 때문입니다. 엄연히 다른 원소인데 왜 착각을 하냐고요? 그 이유는 멘델레예프 님 인터뷰 때 나왔던 가장 바깥쪽 껍질에 위치한 전자의 개수 때문이에요. 이를 '원자가전자의 수'라고도 합니다. 그 인터뷰에서 원자가전자 수가 같으면 비슷한 화학적

성질을 띤다고 했잖아요? 세슘과 칼륨은 원자가전자 수가 1개,
스트론튬과 칼슘은 원자가전자 수가 2개입니다.

원소 주기율표를 보면 세슘과 칼륨은 1족, 스트론튬과 칼슘은
2족에 있죠? 그런 공통점 때문에 평소에 세슘을 만날 일 없는
우리 인체는 세슘을 칼륨이라고 생각해 밖으로 내보내지
않고 몸 안에 품어 버립니다. 그러면 그 세슘은 칼륨인 척
돌아다니면서 주변을 마구 휘젓지요.

이러한 피해를 줄이려면 인체의 착각 메커니즘을 역이용하면
됩니다. 칼륨과 칼슘을 미리 많이 먹어 두면, 인체는 두 성분을
필요한 만큼 가지고 있으므로 더 추가되는 양은 밖으로
내보내겠죠. 즉, 칼륨과 칼슘이 충분하기 때문에 세슘과
스트론튬이 몸 안에 들어왔을 때 바로 배출해 버립니다.

그래서 질문의 답은 칼륨과 칼슘일 거예요!

미지의 빛,
엑스선

엑스선은 1865년 독일의 물리학자인 빌헬름 뢴트겐이 처음 발견했어. 다른 현상을 연구하다가 우연히 발견한 거래. 그는 유리 진공관 끝에 전기를 흐르게 했을 때, 진공관에서 빛나는 현상을 관찰하고 있었어. 빛이 새어 나가지 않게 검은 종이로 유리 진공관을 감쌌지. 그런데 희미한 빛이 어두운 방에 아른거리는 게 아니겠어?

검은 종이를 통과하는 빛이 있었던 거야. 심지어 두꺼운 책으로 가렸는데도 책을 투과한 빛이 여전히 나타났어. 그는 너무 놀라서 자신이 환각을 보고 있는 건 아닐까 하는 의심까지 했대. 뢴트겐은 이 빛을 이용할 수 있을 거라고 생각해 아내의 손을 촬영해 봤대. 그러자 아내의 뼈와 반지가 드러난 사진이 찍혔어. 엑스선은 살은 잘 통과하지만, 뼈나 금속처럼 밀도가 높은 물질은 잘 통과하지 못하거든. 그래서 살 속의 뼈를 촬영할 수 있었던 거지. 아내는 이 사진을 보고 "나의 죽음을 보았다"라고 소리치며 무서워했대. 그리고 뢴트겐은 이 빛의 존재를 완전히 확신했어. 하지만 두꺼운 종이도, 사람의 몸도 투과하는 이 희한한 빛이 아직 무엇인지 잘 모르기에, 엑스선 (X-ray)이라고 이름을 붙였어. 우리가 수학에서 잘 모르는 미지의 수에 X를 쓰듯이 말이야.

그럼 엑스선의 정체는 뭘까? 사실 엑스선이 보통의 빛과 근본적으로 다른 건 아니야. 우리가 잘 아는 자외선, 가시광선, 적외선처럼 엑스선도 빛의 한 종류야. 자외선, 가시광선, 적외선은 파장의 길이로 나눈 거야. 자외선은 파장이 짧고, 적외선은 파장이 길어.

파장이 뭐냐고? 잔잔한 물에 돌멩이를 떨어트리면 물결이 주변으로 퍼져 나가잖아. 이처럼 진동이 주변으로 퍼져 가는 현상을 파동이라고 해. 파장은 파동이 1주기 동안 진행하는 길

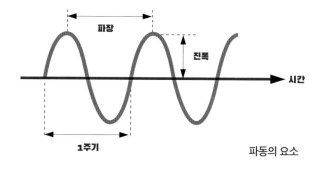

파동의 요소

제가 발견한 폴로늄과 라듐에 희망의 빛을 담았어요   마리 퀴리

이를 말하고. 즉, 자외선의 파장이 적외선보다 짧다는 말은 적외선이 1주기로 한 번 높아지고 한 번 낮아지는 진동을 할 동안, 자외선은 여러 번 왔다 갔다 하며 진동한다는 말이야.

우리는 흔히 가시광선만 빛이라 생각하지만 빛의 종류는 많아. 빛을 다른 말로 전자기파라고 해. 아래는 파장의 길이에 따라 전자기파를 구분한 그림이야. 상대적으로 파장의 길이가 짧으면 왼쪽, 길면 오른쪽에 위치해. 엑스선은 자외선보다 파장이 짧은 것을 알 수 있지?

파장이 짧으면 진동을 훨씬 많이 해서 에너지가 커. 그래서 적외선보다 자외선이 에너지가 세고, 자외선보다 엑스선이 에너지가 센 거야. 에너지가 세기 때문에 여러 물질을 투과할 수 있는 거지. 우리가 왜 자외선 차단제를 바르는지 이해가 되지?

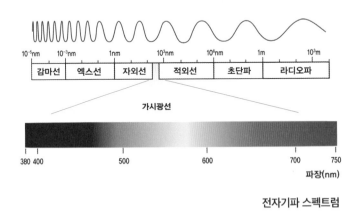

전자기파 스펙트럼

자외선은 에너지가 커서 피부 세포에 큰 피해를 입힐 수도 있거든. 엑스선은 자외선보다 더 강한 에너지를 가지고 있으니 정말 조심해야 해.

그럼 엑스레이 사진을 찍으면 안 되는 거냐고? 어쩌다가 한 번씩 찍는 엑스레이 사진 때문에 문제가 되는 일은 거의 없어. 오히려 엑스레이 사진을 안 찍고 제대로 병을 진단하지 않는 게 더 큰 문제를 일으킬 수 있어. 다만 마리 퀴리처럼 오랜 시간 엑스선을 접하는 일을 해야 한다면, 몸으로 침투되지 않도록 조심해야겠지?

방사선이 위험하기만 한 건 아니야. 방사선은 세포를 파괴할 만큼 에너지가 강한 광선이라 종양을 없애는 암 치료에 쓰여. 또 미생물은 방사선을 쬐면 모두 죽기 때문에 살균 작업에도 유용해. 발전소에 사용해 엄청난 전기를 생산하게 할 수도 있고.

이 강력한 에너지를 올바른 곳에 쓰고 철저한 안전장치를 마련하는 것이 매우 중요해. 과학기술을 개발하는 것은 과학자지만, 어떤 과학기술 개발에 연구 지원을 하고, 개발된 기술을 어디에 어떻게 사용할지 결정하는 건 정치가와 시민들이야. 이것이 우리가 과학에 관심을 갖고 열심히 공부해야 하는 또 하나의 이유지.

스티브 호킹

"블랙홀의 존재와 제 자신을 증명했습니다"

1942년 ~ 2018년

영국의 이론 물리학자. 21세에 루게릭병이라고도 부르는 근위축성 측삭 경화증을 앓기 시작해 2년밖에 살지 못할 것이라는 시한부 선고를 받았지만, 이후 55년을 더 살았다. 연구와 함께 대중에게 물리학을 알리는 강연자로 활동했다. 상대성 이론에 양자역학, 열역학까지 블랙홀에 적용해 블랙홀이 물질을 흡수만 하는 것이 아니라, 열복사를 방출한다는 것을 증명해 학계에 큰 충격을 주었다. 이후 그 열복사는 '호킹 복사'로 불리게 된다.

고개를 들어 밤하늘의 별을 본 적이 있나요? 어둡고 광막한 우주에서 외로운 별들이 빛을 반짝이며 서로가 서로에게 신호를 보내는 것 같습니다. 저 광대한 우주에서 별들이 새로 태어나기도 하고, 모습이 변하기도 하며, 폭발하기도 합니다.

그런데 우주에는 밝게 빛나는 별만 있는 게 아닙니다. 블랙홀은 어둠 속에 자신을 감추며 우주의 한 부분을 이루고 있습니다.

지구라는 작은 행성에 사는 우리는 거대한 우주가 신비롭기만 합니다. 이러한 우주의 비밀을 오랜 시간 많은 과학자들이 풀어 왔습니다. 오늘 인터뷰할 과학자 역시 우주의 비밀을 많이 밝혀내신 분입니다. 어쩌면 휠체어에 푹 묻힌 몸을 벗어나, 별과 블랙홀 사이를 자유로이 유영하다 인터뷰를 하러 급하게 오셨는지도 모르겠습니다.

스티븐 호킹입니다!

호킹　Can you hear me?

　　　블랙홀의 존재와 제 자신을 증명했습니다　스티븐 호킹

과만　역시 이 말씀으로 시작해 주시네요. 이 말이 그리웠습니다.
이전에 한국에 오신 적이 있지요?

호킹　네, 두 번 왔었는데 한 번 더 오고 싶었습니다. 저를 알아봐
주고, 저의 이론에 관심을 가져 주는 한국 사람들이 많아
기쁩니다. 초대해 주셔서 감사합니다.

과만　스티븐 호킹 하면 블랙홀, 블랙홀 하면 스티븐 호킹이
수식어처럼 따라붙곤 합니다. 어떻게 블랙홀의 대명사가
되셨나요?

호킹　1950년대까지는 블랙홀이라는 개념이 예견되기는 했지만,
이것을 진지하게 받아들이는 사람은 없었어요. 수학자들이
아인슈타인의 방정식을 놀이하듯이 가지고 놀면서, 밀도가
엄청나게 높은 물체가 있다면 어떤 변화가 생길지를
연구했어요. 그들은 태양보다 훨씬 무거운 물질이 매우
압축되어 있으면, 근처의 시공간이 휘어서 빛조차 빠져나올 수
없게 된다고 생각했어요. 그러나 당시의 이론가들, 심지어 그
이론의 창시자인 아인슈타인조차 이런 물체는 절대로 현실에
있을 수 없다고 생각했지요. 저와 공동 연구자인 펜로즈는
블랙홀의 존재를 수학적으로 증명했어요. 우주에 블랙홀이
존재하며 그것도 아주 많다는 것을 밝혀냈습니다.
저는 블랙홀에 대한 연구를 계속하며 블랙홀의 여러 특성들을
증명했어요. 그중 가장 유명한 것이 블랙홀이 모든 것을

삼키기만 하는 게 아니라는 사실을 밝힌 거죠. 그전까지 블랙홀의 전제는 모든 것을 집어삼킨다는 것이었으니까요. 빛조차 빨려 들어갈 정도이니, 다른 것은 말할 것도 없지요. 그런데 제가 블랙홀의 경계면에서 에너지가 방출되고 있음을 이론적으로 증명했어요.

과만 　아, 그 에너지를 '호킹 복사'라고 부르지요?

호킹 　잘 아시는군요. 전혀 '바보 멍충이' 아니시네요. 아쉽군요.

과만 　아니, 그건 언제 들으셨어요? 그리고 왜 아쉬워하시는 거죠?

호킹 　하하, 제가 이 유튜브 채널 구독자입니다. 아무튼 많은 분이 제 이름과 블랙홀을 함께 떠올리는 것 같아 좋습니다.

블랙홀의
그림자

과만 　사실 과학자들이 블랙홀이 있다고 계속 말해서 믿는 거지, 참 믿기지 않는 존재거든요. 블랙홀에 대해 조금 더 이야기해 주시면 좋겠습니다.

호킹 　뉴턴 님과의 인터뷰 때 탄력 좋은 두꺼운 고무판 위에 무거운 쇠구슬을 올려놓으면 어떻게 된다고 했는지 기억하나요? 질량이 있으면 시공간이 휘어지는데, 질량의 크기에 따라 휘어짐의 정도가 달라집니다. 만약 무지무지하게 큰 질량을 가진 물체가 있으면 어떻게 될까요?

상상하기 어렵겠지만, 그 물체는 자신의 중력을 이기지 못하고 스스로 붕괴합니다. 그리고 시공간이 극도로 휘어져 그 물체를 완전히 둥글게 감싸게 되고, 중심부에 있는 물질은 우주와 차단되지요. 또 강력한 중력으로 주변의 물질을 빨아들이죠. 우주의 그 무엇도 빛보다 빠를 수 없는데, 빛마저 빨려 들어가기에 이 물체는 어둠의 색이 됩니다. 그래서 주로 다크 스타(Dark Star)로 불렀는데, 일부 학자들은 프로즌 스타(Frozen Star)라고 부르기도 했어요. 그러다가 미국의 과학자 존 휠러는 블랙홀(Blackhole)이라는 단어가 그 특성에 걸맞다 여겨 그렇게 이름 붙였지요. 그 이후엔 이 이름이 널리 쓰입니다.

과만 빛까지 빠져나올 수 없어 검다면 아무것도 안 보일 텐데, 우리는 어떻게 블랙홀이 있다고 알 수 있는 거죠?

호킹 수학적으로 증명이 되었고, 블랙홀이 존재해야만 설명이 되는 여러 현상들이 관측되었어요. 간접적으로 그 존재가 확인된 거라 보면 됩니다. 그리고 2019년에는 최초로 직접 촬영하는 데 성공했어요. 전 세계에 있는 관측소 망원경을 연결해 지구 크기의 가상 망원경을 만들어, 수년 간 협력한 끝에 촬영에 성공했죠.

오른쪽 사진에서 밝은 빛은 강력한 중력으로 빨려 들어가는 물질들의 충돌로 생긴 열이 방출한 겁니다. 검은 구는 그

빛으로 생긴 블랙홀의 그림자라 할 수 있죠. 블랙홀은 검은 구의 중심에 있어요.

과만 　지구만 한 크기의 망원경이라니 놀랍네요. 정말 블랙홀이 있었군요! 그런데 블랙홀이 구슬처럼 좀 작아서 만만해 보이네요.

호킹 　저 블랙홀이 약 5,500만 광년이나 떨어져 있다는 것을 감안해야 합니다. 태양의 약 65억 배에 달하는 질량을 가지고 있고요.

과만 　이제는 정말 블랙홀이 있다는 것을 부정하기 어렵겠군요. 정말 신비롭습니다.

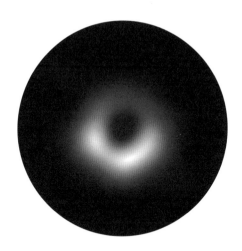

최초로 촬영한 블랙홀

　　　　　　　　　블랙홀의 존재와 제 자신을 증명했습니다　스티븐 호킹

제인, 내가
살아야 할 이유

과만   친절하고 자세히 설명해 주셔서 감사합니다. 참고로 선생님은
1분에 여섯 단어 정도만 말씀하실 수 있습니다. 이 영상을
보시는 구독자분들을 위해 많은 시간을 들여 힘겹게 애써
주시고 있다는 점 알려드립니다. 그런데 선생님은 지금 어떻게
말씀하실 수 있는 거죠? 입은 움직이지 않는데, 목소리는
들리거든요.

호킹   제 몸에서 제가 쓸 수 있는 근육은 거의 없습니다. 팔도 다리도
움직이지 못하죠. 소리 또한 낼 수 없고요. 볼에 닿아 있는
안경의 센서가 볼 근육의 움직임을 감지합니다. 볼을 움직여
원하는 단어를 선택하면 컴퓨터가 소리를 내지요. 저의 품격
있는 영국식 발음을 들려드리지 못해 아쉽지만 이렇게라도 할
수 있음에 만족합니다.

과만   아, 볼을 움직여 말씀을 하신 거군요. 한 말씀 한 말씀
더욱 귀담아 듣겠습니다. 태어날 때부터 지금처럼 몸이 안
좋으셨나요?

호킹   그렇진 않았어요. 고등학생일 때 체격이 왜소해서 '몸뚱이
작은 원숭이'라고 놀림받기도 했지만, 그때까진 몸에 문제가
없었어요. 스무 살부터 이상 징후가 나타나기 시작했고, 스물한

살 때 퇴행성 근위축성 측삭 경화증이라는 치료 불가능한
병을 진단받았어요. 보통 루게릭병이라 불러요. 운동 신경이
점점 죽어 가는 병이에요. 팔다리 끝에서 시작해서 위쪽으로
병이 서서히 퍼지면서, 점점 뇌가 몸의 근육을 제어할 수 없게
되지요. 호흡에 필요한 근육으로까지 병이 침범하면, 폐렴에
시달리다 질식해 죽음에 이르러요. 의사는 제가 2년 정도밖에
못 살 거라 말했어요.

과만 신체 하나하나를 점점 쓸 수 없게 되는 병이라니, 정말
무섭네요. 스물한 살 나이에 시한부 삶을 알게 된 그 절망감은
감히 상상할 수 없을 것 같습니다.

호킹 이 병은 의외로 통증은 거의 없어요. 뇌에 문제가 생기지도
않고요. 그런데 이 병의 말기 환자는 다량의 모르핀을
처방받곤 해요. 극심한 우울증에 휩싸이거든요. 남은 삶이
2년이라는 의사의 선고를 받고 나서, 저도 우울증에서
헤어나기 힘들었어요. 매일 어두컴컴한 방에서 바그너의
음악만 크게 틀어 놓고 들었어요. 제게 남은 삶이 2년이라는데
무슨 미래가 있겠어요. 삶의 의미조차 없었죠.

과만 그 누구도 선생님을 책망하지 못할 겁니다. 오히려 훗날
절망에서 나와 열정적으로 삶을 살아간 선생님의 모습이
존경스러울 따름이죠.

호킹 그때는 죽는 꿈을 자주 꿨어요. 사형수로 처형되는 꿈이나

다른 사람의 목숨을 구하다 희생당하는 꿈 같은 거였어요. 이 꿈의 의미가 무엇일지 생각했죠. 남은 시간이 2년밖에 없다면, 이 시간을 어떻게 보내야 할지를 고심했어요.

우리는 모두 자신이 죽는다는 사실을 알지만, 대부분 막연한 생각에 머물 거예요. 하지만 저는 그렇지 않았어요. 실제로 맞닥뜨린 현실이었으니까요. 제겐 남은 시간이 절실했고 짧은 순간조차 헛되이 보낼 수 없었어요. 점점 마비되는 몸 때문에 정신까지 망가트리지 말고, 제가 유일하게 통제할 수 있는 뇌를 이용해 공부를 계속하기로 마음먹었습니다.

남은 삶을 받아들이고 열정적으로 살기로 다짐한 뒤로는, 병이 제 의지를 꺾을 수 없었고 제 행복을 앗아 가지도 못했어요. 제가 그런 마음을 먹는 데 가장 결정적인 도움을 준 사람이 제인입니다. 제 병이 더 심해진다는 것도 알았고, 생명조차 기약할 수 없는데도, 그녀는 저를 사랑했습니다. 우리는 약혼 후 결혼했고 아이도 낳았어요. 그녀가 아니었다면 저는 살아갈 이유를 찾지 못했을 겁니다. 비록 결혼 생활 25년 만에 이혼이라는 이별을 선택했지만, 늘 그녀에게 고마운 마음을 가지고 있어요. 헌신적으로 저를 보살펴 준 제인이 있었기에, 절망의 동굴에서 나와 빛의 세계에서 살 수 있었습니다.

나의 업적은
살아 있는 것

과만 휠체어에서만 생활하시려면 많이 불편하실 텐데, 가장 멀리 있고 또 광대한 우주의 비밀을 파헤쳤다는 게 놀랍습니다. 연구에 불편한 점이 많았을 것 같은데요.

호킹 다른 사람에겐 평범한 일상을 힘겹게 극복해야 할 시험으로 만드는 것이 몸의 장애입니다. 일어나서 씻고, 옷 입는 것도 제겐 쉽지 않은 과제지요. 남들이 1분이면 끝낼 것을 저는 30분이 걸리곤 해요. 발만 높게 들면 될 도로의 조그만 턱이 제겐 거대한 벽이고요. 장애인 화장실이 없는 식당은 저의 존엄을 지키기 위해 싸워야 할 검투장이었지요. 글을 쓸 수가 없으니, 수많은 방정식을 암산으로 계산해야 했습니다.

과만 장애인 운동도 많이 하신 것으로 알고 있습니다.

호킹 네, 여러 자선 단체를 지원했고 장애인 운동도 지지했어요. 특히 저와 같은 병으로 고통받는 장애인을 지원하는 기금 마련 운동을 적극적으로 도왔어요. 장애인이 공공시설을 더 쉽게 이용할 수 있도록 시의회에 압력을 가하고, 장애인에 대한 사람들의 인식을 바꾸려 노력했고요. 저는 다른 장애인보다 더 지원받고 배려받았어요. 그래서 아마 제가 불편하고 부당하게 느끼는 것은 다른 장애인에게는 더 불편하고 더 부당하게 느껴졌을 거예요. 그래서 그런 현실을 그냥 넘기지 않고 저항했어요. 제가 세상을 바꾸는 데 도움이 되었는지는 잘 모르겠지만요.

과만 선생님이 보인 선한 영향력이 결코 작지 않을 겁니다. 그리고 선생님이 이렇게 모습을 드러내는 것만으로도 많은 분이 용기를 얻을 거예요. 또 선생님을 보며 장애인을 대한 인식을 바꾼 사람도 있을 거고요.

호킹 격려 감사합니다. 제 생애 가장 위대한 업적이 무엇이냐고 묻는다면 저는 '살아 있는 것'이라 답할 것입니다.

우주의 탄생, 빅뱅

과만 선생님께 꼭 여쭤보고 싶은 게 하나 있었어요. 이 거대한 우주가 점처럼 작은 것에서 시작되었다는 말이 참 안 믿기거든요. 정말 그런가요?

호킹 믿기 힘들다는 것을 이해하지만, 이 사실을 뒷받침하는 증거들이 많이 있습니다. 138억 년 전쯤 우리 우주는 블랙홀의 역과정과 비슷한 역사를 겪었어요. 물질들이 압축되다가 붕괴해 하나의 점에 응축된 것이 블랙홀이라면, 빅뱅 이론은 그런 특이점에서 대폭발로 공간이 팽창하면서 지금의 우주가 만들어졌다고 말합니다.

과만 아니, 도대체 138억 년 전 일을 어떻게 알 수 있는 거죠?

호킹 제가 박사 과정 중이던 1960년대 초반, 주류 과학계는
빅뱅 이론을 인정하지 않았어요. 우주가 변함없이 이어져
왔다는 정적인 우주관이 더 큰 힘을 얻고 있었지요. 우주가
팽창한다는 증거가 발견되었지만, 저명한 천문학자인 프레드
호일은 우주가 팽창하면 물질이 새로 만들어지기에 우주의
밀도는 유지된다는 정상 우주론을 주장했지요.
그는 라디오 방송에 나와 '빵' 하고 터지는 큰 폭발(Big Bang)로
우주가 시작되었다는 말은 터무니없다며, 대폭발 이론을
조롱하듯 반박했어요. 아이러니하게도 그 이론을 비웃기
위해 '빅뱅'이란 말을 썼는데, 이후부터 이 말이 널리 쓰이기
시작했어요.
저는 정상 우주론을 수학적 증명으로 반박하고, 약 138억 년 전
밀도가 무한하고 부피는 0인 특이점에서 우주가 태어났다는
사실을 증명했어요.
1964년에 발견된 우주 배경 복사가 빅뱅 이론의 또 다른
증거입니다. 빅뱅 이론이 사실이라면 폭발 때 고온에서
발생한 빛이 우주 전역에 고루 퍼졌을 겁니다. 그리고
우주가 팽창하면서 그 빛이 점차 식고, 전파 형태로 파장이
길어졌을 거예요. 이를 우주 배경 복사라 해요. 실제로 발견된

블랙홀의 존재와 제 자신을 증명했습니다 스티븐 호킹

우주 배경 복사의 온도를 측정하니, 수학으로 예견한 값과 거의 같았어요. 우주 배경 복사의 온도는 모든 곳에서 매우 균일하게 측정되었는데, 이는 우주가 하나에서 시작되어 퍼져 나왔다는 것을 시사해요. 이처럼 우주 배경 복사의 존재는 빅뱅 이론의 매우 강력한 증거가 되었답니다.

과만 증명이 되었다고 하니 맞는 것 같기는 한데, 사실 잘 믿어지진 않아요. 광활한 우주에는 수없이 많은 별과 행성이 있는데, 어떻게 그 작은 점에서 이것들이 다 생겨날 수 있는지 자꾸 의구심이 드네요.

호킹 네, 믿기 어려운 게 당연할 정도로 놀라운 일이죠. 하지만 정말 가능하답니다. 대폭발이 일어날 때의 온도는 300억 도에 이르렀어요. 이 가공할 에너지는 물질로 바뀔 수 있지요. 아인슈타인의 방정식인 $E=mc^2$을 들어 봤나요? 에너지와 질량이 서로 전환될 수 있음을 알려 주는 공식이에요. 그리고 원자의 대부분은 텅 비어 있다는 점을 떠올려 보세요. 만약 그 빈 공간을 빽빽하게 채운다면 원자 하나도 상상할 수 없을 만큼 큰 질량을 가지게 되겠지요? 거대한 별과 성간 물질이 블랙홀의 한 점으로 응축되는 것과 반대로, 밀도가 무한대인 특이점의 폭발로 우주가 생성될 수 있다는 말입니다. 이 대폭발로 시간과 공간과 물질이 생겨났어요. 그래서 모든 것의 시작이지요.

과만 네, 아직 실감은 안 나지만 선생님의 설명을 듣다 보니 고개가 끄덕여집니다. 멘델레예프 님과 인터뷰하면서 아주 작은 세계의 아름다움에 감탄했는데, 이번에는 아주 큰 세계의 경이로움에 또 놀라네요. 이 거대한 우주가 아주 작은 것에서 시작되었다니 뭔가 가슴이 벅차오릅니다.

호킹 그런데 저는 이후에 '무경계 가설'을 발표해서 이 빅뱅 이론을 반박하려 했어요. 우주의 시작이나 끝을 나타내는 경계가 없다는 이론이에요. 아직 많은 학자들이 동의한 것은 아니고, 관찰로 증명되지도 못했지만, 이젠 이것이 더 적절하다는 생각이 들어요.

과만 이제 겨우 빅뱅 이론을 좀 알겠다 싶었는데, 너무하시는 거 아닌가요? 저는 많은 과학자들이 인정한 빅뱅 이론까지만 생각하겠습니다. 그런데 본인이 증명했던 이론을 스스로 반박하는 자세는 제가 배워야 할 것 같습니다.

고개를 들어 별을 보세요

과만 지금까지 많은 말씀을 하시느라 선생님 몸이 힘드실 것 같아요. 마지막으로 하고 싶은 이야기가 있으실까요?

호킹 의사는 제 몸이 전부 마비될 것이라 했어요. 그로부터 1년

블랙홀의 존재와 제 자신을 증명했습니다 스티븐 호킹

후 저는 지팡이를 짚어야 했고, 나중에는 휠체어를 타야
했습니다. 읽고, 쓰고, 말할 수 있는 능력을 점점 잃어버렸어요.
용변조차 남의 도움을 받아야만 해결할 수 있을 정도로 몸이
나빠졌죠. 그러나 몸 때문에 정신까지 망가뜨리지는 말자고
늘 마음속으로 다짐했어요. 가족을 책임지기 위해서도
자포자기해서는 안 되었어요. 시간을 낭비하지 않고 연구에
매진했죠. 연구에 몰입한 순간에는 몸의 불편함이 느껴지지
않았어요. 눈을 감고 잠든 뒤, 다음 날 무사히 눈을 뜬 것에
감사하며 하루를 맞았어요.

그렇게 저는 2년이 아닌 55년을 더 살았습니다. 여러분, 고개를
숙여 발을 보지 말고, 고개를 들어 별을 보세요. 여러분이 보고
있는 것을 이해하려 노력하고, 우주를 존재하게 하는 것들에
호기심을 가지세요. 삶이 아무리 힘들지라도 여러분이 할 수
있고 성공할 수 있는 무언가는 항상 있습니다. 중요한 것은
포기하지 않는 자세입니다.

과만 선생님의 말씀이 귀가 아닌 가슴으로 밀려듭니다. 문득
선생님의 묘비명이 떠오르네요.

"사람은 삶이 공평하지 않다는 것을 깨달을 수 있을 만큼
성장해야 한다. 자신이 처한 상황에서 최선을 다할 수밖에
없다."

Q&A
: 그것에 답해 드림

**스티븐
혹시킹**   우주가 팽창한다고 하셨는데, 눈으로 볼 수 있는 것도
아니잖아요. 어떻게 그걸 알 수 있죠?

호킹   원자가 에너지를 얻으면 원자 속의 전자는 더 높은 층의
궤도로 점프합니다. 이를 '들뜬 상태'라 해요. 이 들뜬 상태의
전자가 다시 제자리로 돌아오면서 빛을 내뿜어요. 이때 물질은
자기만의 고유한 파장의 빛을 내보내기에, 그것을 스펙트럼에
통과시키면 물질마다 보이는 색이 달라요. 마치 고유한 빛의
지문이 있는 것처럼요. 그래서 먼 곳에 있는 별이라도, 빛의
스펙트럼 띠를 분석하면 그 별이 어떤 물질로 구성되어
있는지를 짐작할 수 있어요.

그런데 만약 별이 우리에게서 멀어지고 있다면, 이 스펙트럼
띠는 붉은색 쪽으로 이동한 상태로 나타납니다. 우리를
기준으로 더 멀리 이동하는 중이라면 파장이 길어지는 것과
같은 효과가 나타나기 때문이에요. 150쪽에서 전자기파
스펙트럼을 본 적 있죠? 그림에서 붉은색은 파장이 길다는
것을 확인할 수 있답니다.

천문학자 허블은 대부분의 은하에서 이 같은 적색 이동이

나타남을 발견했고, 은하들이 우리에게서 멀어진다는 것을 알았어요. 그리고 더 멀리 있는 은하일수록 적색 이동이 더 심하게 나타난다는 사실을 바탕으로 우주가 팽창하고 있다고 결론 내렸습니다.

우주는 팽창도 수축도 하지 않는 정적인 상태라고 주장했던 아인슈타인도 허블이 옳고 자신이 틀렸음을 인정했어요. 우주는 탄생부터 지금까지 계속 팽창해 왔으니, 과거에는 우주의 크기가 지금보다 작았겠지요? 그런 식으로 계속 과거로 거슬러 오르면 마침내 물리적으로 측정할 수 없을 만큼 작은 점에 이를 것입니다. 이렇게 우주의 팽창과 빅뱅 이론은 연결됩니다. 우주의 팽창 속도를 알면 우주의 나이도 계산할 수 있어요. 그렇게 계산한 우주의 나이는 약 138억 살이에요.

호킹 쿠일 우주의 끝에 무엇이 있을지 궁금한데요. 우주의 끝에 도달하면 무엇이 있을까요?

호킹 저도 참 궁금합니다. 우주의 끝은 어떤 모습일지, 우주의 끝 너머에는 무엇이 있을지가요. 그러나 안타깝게도 우리는 우주의 끝에 도달할 수 없기에 우주의 끝과 그 너머에 무엇이 있는지를 알 수 없습니다. 미래에 초월적인 과학기술이 개발되면 가능하지 않겠냐고요? 우리에게 가장 멀리 있는 천체의 후퇴 속도는 빛의 속도보다도 빠릅니다. 아인슈타인은 우주의 어떤 물질도 빛보다 빠를 수는 없음을 밝혔습니다. 미래의 어떤 과학기술로도 빛보다 빠른 물질을 만드는 것은 근원적으로 불가능합니다. 따라서 우리는 그 천체의 후퇴 속도를 따라잡을 수가 없을 거예요.

그런데 우주의 어떤 물질도 빛보다 빠를 수 없다고 했으면서, 지구에서 가장 먼 천체의 후퇴 속도가 빛보다 빠르다는 것은 모순 아니냐고요? 그렇지 않습니다. 다른 천체가 우리로부터 점점 멀어지는 까닭은 우주가 팽창하기 때문이거든요. 우주가 팽창한다는 말은, 수류탄 파편이 튀듯이 우주의 빈 공간으로 별이나 성간 물질 등이 날아간다는 뜻이 아니에요. 공간 자체가 팽창하는 겁니다.

풍선에 두 점을 찍고 크게 불어 보세요. 두 점은 전혀 움직이지 않았지만 부푼 풍선에서의 두 점은 많이 멀어져 있습니다. 우주는 이같이 공간이 팽창하는 거예요. 그러므로 공간 팽창에 의해 빛보다 더 빠른 속도가 나타나는 건 모순이 아닌 거죠.

저도 참 궁금해요. 혹시 우리 우주가 거대한 블랙홀 속은 아닐지, 우주의 끝 너머에는 다른 우주가 시작되는 것은 아닌지……. 알 수 없네요. 상상에 맡길 수밖에 없는 영역인 것 같습니다.

블랙홀의 존재와 제 자신을 증명했습니다 스티븐 호킹

별의 탄생부터
소멸까지

우주는 진공 상태라고 아는 사람들이 많은데, 사실 우주는 완전한 진공은 아니야. 수소, 헬륨이 주를 이룬 기체와 성간 티끌 같은 성간 물질이 흩어져 있어.

중력의 작용으로 성간 물질 중 밀도가 큰 것이 중심핵을 형성하고, 주위 물질을 서서히 끌어당기면서 중력은 더 커져. 그리고 분자들이 중력이 강한 쪽으로 낙하하면서 에너지가 발생해 온도가 높아지지.

이 과정을 반복하면서 온도가 1,000만 도에 이르면 수소 핵융합 반응이 일어나. 수소가 헬륨으로 바뀌면서 엄청난 에너지를 방출하는데 이때 별이 탄생하는 거야. 별의 일생 대부분을 차지하는 이런 상태의 별을 '주계열성'이라 해. 태양도 주계열성이야.

주계열성의 중력은 엄청날 텐데 왜 계속 수축하며 붕괴하지 않을까? 수소 핵융합으로 만들어지는 에너지는 밖으로 뻗어

나가는 힘을 제공하고, 중력은 중심으로 끌어당기는 힘이 있어. 이 둘이 균형을 이루기에 별은 형태를 유지하며 수소 핵융합을 계속해. 그런데 별의 중심 부분에 가지고 있던 수소 연료를 다 쓰면 어떻게 될까?

중심부의 수소 핵융합 반응이 멈추면서 아까 말한 균형이 깨져 버려. 중력에 대항할 팽창하는 힘이 없으니, 강력한 중력의 작용으로 중심핵이 쪼그라들지. 이러한 수축 때문에 별의 중심은 밀도와 온도가 더 높아져.

이 상승된 온도로 중심핵 바깥쪽에 남아 있던 수소층이 데워져 1,000만 도에 이르면 별의 바깥쪽에서 수소 핵융합 반응이 일어나. 그리고 별의 바깥쪽이 급격히 팽창하며 붉은빛으로 크게 부풀어 오르는데, 이를 '적색거성(赤色巨星)'이라고 해. 巨는 '클 거'야. 즉, 붉은색을 띠는 큰 별이라는 뜻이지. 이처럼 주계열성에서 연료를 거의 소진하면 적색거성이 되는 거야.

50억 년쯤 뒤에는 태양도 적색거성이 돼. 먼저 수성, 금성을 삼키고 나중에는 지구와 화성까지 삼킬 수 있을 정도로 커져. 이후 중심핵 부분이 수축으로 온도가 더 상승하면 헬륨 핵융합 반응이 일어나. 헬륨이 융합되어 산소, 탄소 같은 여러 원소들을 만들어. 중심부가 탄소와 산소로 가득 차면 헬륨 핵융합 반응도 멈춰. 내부의 온도와 압력이 다음 단계의 핵융합 반응을 일으킬 만큼 높지 않기 때문이지. 그리고 부푼 외피층을 붙잡아 둘 만큼 중력이 강하지 않아서, 대기층이 우주 공간으로 떨어져 나가. 떨어져 나간 외피층이 이룬 모양이 마치 행성처럼 보여서 이를 '행성상 성운'이라 해.

붉은 옷을 잃고 알몸이 된 별은 서서히 식으면서 계속 수축을 해. 마침내 티스푼 한 숟갈의 질량이 약 1톤에 이르는, 상상하기조차 힘든 고밀도 물질이 돼. 더는 핵융합 반응이 일어나지 않지만, 중심부가 고온이기에 흰빛을 뿜어내. 이것을 '백색왜성(白色矮星)'이라 해. 여기서 矮는 '작을 왜'야. 흰색을 띠는 작은 별이라는 뜻이지.

수십억 년의 시간이 더 흐르면 백색왜성은 온기를 다 잃어서 빛을 내뿜지 않게 돼. 어두운 색이 된 이 별을 '흑색왜성'이라 불러. 태양의 생애 마지막 모습이라 할 수 있어.

지금까지 설명한 내용은 태양과 질량이 비슷한 별들이 거치는 과정이야. 질량이 아주 큰 별은 중심부에 철로 이루어진 핵이 자리 잡게 되고 '적색초거성'이 돼. 큰 질량에서 나오는 중력의 압력으로 원자들조차 버티지 못하게 되면, 별은 붕괴되어 별 전체를 날려 버려. 이것이 '초신성 폭발'이야. 너무도 강력한 중력 때문에 중심핵은 전자가 양성자와 결합해 중성자가 되고, 원자의 빈 공간에 중성자가 빽빽하게 들어차. 그래서 각설탕 하나

별의 일생

크기의 질량이 약 1억 톤가량이나 되는 '중성자별'이 돼. 중성자별의 지름은 약 10킬로미터이지만, 그 질량은 태양보다 커.

　너무나 큰 질량으로 중성자별마저 붕괴시킬 만큼 중력이 강한 별은 초신성 폭발 후 '블랙홀'이 돼. 질량이 작았으면 백색왜성이 되었을 핵 부분의 질량이 태양의 1.4배 이상이면 중성자별, 3배 이상이 되면 블랙홀이 되는 거지.

　생명의 일생만큼이나 별의 일생도 흥미롭고 신비하지? 우리 고개를 들어 하늘을 보자.

블랙홀의 존재와 제 자신을 증명했습니다　스티븐 호킹

끊임없이 진리를 탐구하는 마음

지금까지 세계적인 과학자들과 함께한 특집 인터뷰였습니다. 여러분께 재미난 과학의 세계를 보여 주기 위해 과학 유튜버, 저 과만이는 가만히 있지 않았습니다.

방송 반응을 보니 엄청나게 많은 분들이 과학의 매력에 빠졌군요! 그런데 저 과만이의 매력에 안 빠지는 이유는 뭔지 의문이 들지만, 이번 한 번은 조용히 넘어갈게요. 어쨌든 블랙홀처럼 훅 끌어당기는 매력을 가진 과학의 세계로 오신 것을 환영합니다.

생물학, 화학, 물리학 등 다양한 분야에서 큰 업적을 남기신 과학자 일곱 분을 모시고, 이야기를 듣는 뜻깊은 시간이었습니다. 세계적인 과학자들의 삶에 대한 진솔한 이야기와 그들이 이룬 훌륭한 업적에 대한 이야기가 여러분께 어떻게 다가왔나요?

아마 원자들의 떨림처럼 구독자분들의 마음에 떨림을 주었으리라 생각합니다. 그 떨림은 또 울림을 주겠지요.

저 과만이는 어떤 사실을 아는 것보다 어떤 사실을 알기 위해 끊임없이 연구하는 태도가 더 중요하다고 생각해요. 그것이 바로 진정 과학적으로 사고하는 사람의 자세가 아닐까요?

우리가 인터뷰한 과학자들의 업적은 결코 행운이 아니었어요. 끊임없이 진리를 탐구하는 자세 끝에 이룬 것이지요. 그래서 더 값지고요. 호모 사피엔스만이 이룰 수 있는 위대함을 보여 주었다 생각해요.

물론 우리가 과학자는 아니지만, 세계를 끊임없이 탐구하는 태도는 누구에게나 필요한 것 같습니다.

이 방송을 시작으로, 여러분이 과학에 더 관심을 가지게 되었기를 바랍니다. 이것이 과학 유튜버로서 제가 바라는 바입니다.

더 좋은 방송으로 다음에 또 찾아뵙겠습니다!

참고 자료

책

게일 E. 크리스티안슨, 정소영 옮김,《만유인력과 뉴턴》, 바다출판사, 2002

김동광,《원소의 왕국》, 사이언스북스, 2005

김병민,《슬기로운 화학 생활》, 동아시아, 2019

김상욱,《떨림과 울림》, 동아시아, 2018

김용옥.《노자와 21세기》, 통나무, 1999

김웅서,《플랑크톤도 궁금해하는 바다 상식》, 지성사, 2016

레오나르드 믈로디노프, 정역목 옮김,《스티븐 호킹》, 까치, 2021

리처드 도킨스, 김명남 옮김,《지상 최대의 쇼》, 김영사, 2009

마이클 화이트 · 존 그리빈, 김승욱 옮김,《스티븐 호킹 과학의 일생》, 해냄, 2004

마이 티 응우옌 킴, 배명자 옮김,《세상은 온통 화학이야》, 한국경제신문, 2019

샘 킨, 이충호 옮김,《카이사르의 마지막 숨》, 해나무, 2021

션 B. 캐럴, 구세희 옮김,《진화론 산책》, 살림Biz, 2012

스티븐 호킹, 이종필 옮김,《스티븐 호킹의 블랙홀》, 동아시아, 2018

에릭 셰리, 김명남 옮김,《주기율표》, 교유서가, 2019

요시다 다카요시, 박현미 옮김,《주기율표로 세상을 읽다》, 해나무, 2017

이사벨 토머스, 서남희 옮김,《마리 퀴리》, 웅진주니어, 2018

이순신,《난중일기》, 타임기획, 2005

이한음,《생명의 비밀을 밝힌 기록 이중 나선》, 미래엔아이세움, 2010

장대익,《다윈의 정원》, 바다출판사, 2017

제임스 왓슨, 최돈찬 옮김,《이중나선》, 궁리, 2019

제임스 코스타, 박선영 옮김,《다윈의 실험실》, 와이즈베리, 2019

조현영,《여기는 18세기, 음악이 하고 싶어요》, 다른, 2021

찰스 로버트 다윈, 송철용 옮김,《종의 기원》, 동서문화사, 2013

폴 너스, 이한음 옮김,《생명이란 무엇인가》, 까치, 2021

폴 스트레턴, 예병일 옮김,《멘델레예프의 꿈》, 몸과마음, 2003

사진 출처

159쪽 Event Horizon Telescope / commons.wikimedia.org

주기율표

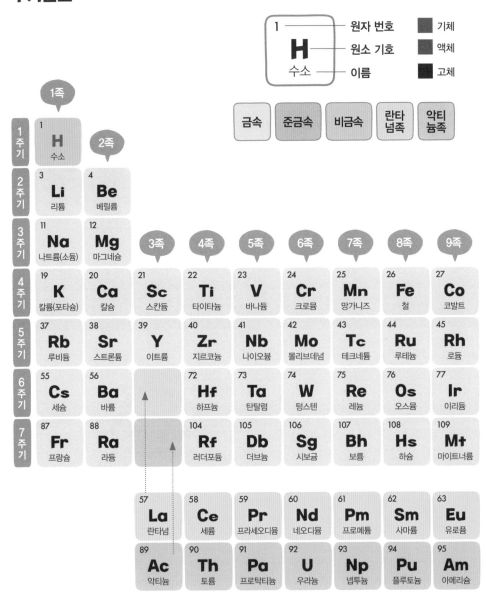

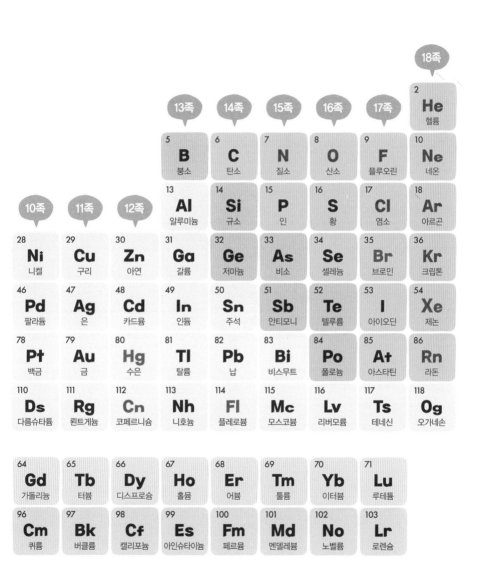

13족	14족	15족	16족	17족	18족
					2 **He** 헬륨
5 **B** 붕소	6 **C** 탄소	7 **N** 질소	8 **O** 산소	9 **F** 플루오린	10 **Ne** 네온

10족	11족	12족						
			13 **Al** 알루미늄	14 **Si** 규소	15 **P** 인	16 **S** 황	17 **Cl** 염소	18 **Ar** 아르곤
28 **Ni** 니켈	29 **Cu** 구리	30 **Zn** 아연	31 **Ga** 갈륨	32 **Ge** 저마늄	33 **As** 비소	34 **Se** 셀레늄	35 **Br** 브로민	36 **Kr** 크립톤
46 **Pd** 팔라듐	47 **Ag** 은	48 **Cd** 카드뮴	49 **In** 인듐	50 **Sn** 주석	51 **Sb** 안티모니	52 **Te** 텔루륨	53 **I** 아이오딘	54 **Xe** 제논
78 **Pt** 백금	79 **Au** 금	80 **Hg** 수은	81 **Tl** 탈륨	82 **Pb** 납	83 **Bi** 비스무트	84 **Po** 폴로늄	85 **At** 아스타틴	86 **Rn** 라돈
110 **Ds** 다름슈타튬	111 **Rg** 뢴트게늄	112 **Cn** 코페르니슘	113 **Nh** 니호늄	114 **Fl** 플레로븀	115 **Mc** 모스코븀	116 **Lv** 리버모륨	117 **Ts** 테네신	118 **Og** 오가네손

64 **Gd** 가돌리늄	65 **Tb** 터븀	66 **Dy** 디스프로슘	67 **Ho** 홀뮴	68 **Er** 어븀	69 **Tm** 툴륨	70 **Yb** 이터븀	71 **Lu** 루테튬
96 **Cm** 퀴륨	97 **Bk** 버클륨	98 **Cf** 캘리포늄	99 **Es** 아인슈타이늄	100 **Fm** 페르뮴	101 **Md** 멘델레븀	102 **No** 노벨륨	103 **Lr** 로렌슘

183

다른 포스트

뉴스레터 구독신청

과학 인터뷰,
그분이 알고 싶다

레전드 과학자 7명과의 시대 초월 만남

초판 1쇄 2022년 6월 2일
초판 2쇄 2023년 6월 25일

지은이   이운근

펴낸이   김한청
기획편집 원경은 차언조 양희우 유자영 김병수 장주희
마케팅   박태준 현승원
디자인   이성아 박다애
운영   최원준 설채린

펴낸곳 도서출판 다른
출판등록 2004년 9월 2일 제2013-000194호
주소 서울시 마포구 양화로 64 서교제일빌딩 902호
전화 02-3143-6478 **팩스** 02-3143-6479 **이메일** khc15968@hanmail.net
블로그 blog.naver.com/darun_pub **인스타그램** @darunpublishers

ISBN 979-11-5633-464-4 43400